河北省科学技术协会资助项目

图说棚室茄子栽培与病虫害防治

孙 茜 潘秀清 主编

中国农业出版社

主　　编　孙　茜　潘秀清

副 主 编　袁章虎　武彦荣　高秀瑞　王艳侠

宋建新　刘传斌　王荣湘　陈雪平

孙慕君　郝企信　周　琴

编　　委（按姓氏笔画为序）

王　斐　王吉强　王淑荣　李　冰

李　楠　李劲松　李爱祥　张忠义

张艳华　阿依古丽·艾麦提　罗双霞

罗桂霞　郄东翔　赵春年　胡国律

胡奕文　段永波　徐丽荣　聂承华

董秀清　潘　阳

序 言

我院孙茜等研究员请我给他们写的《无公害蔬菜栽培实战丛书》作一序言。看完她的书稿后，我内心非常恐慌，深深感到盛名之下，其实难副。我虽被人称作研究农业推广的专家，但是，没有种过设施蔬菜，没有实战经验和体会，也不知怎么才能为农民排忧解难，更上升不到研究的高度。既然应允，又必须写点东西，猛然想起我当过农民，了解农民对科学技术的渴求，知道什么样的书对他们最有用。教科书是写给需要系统学习的学生读的，而实战书是写给要解决问题的人看的，我一点也不会种大棚菜，看完这套书后会不会种呢？我看后认为，我能够会。为什么会呢？因为这套丛书有以下几个特点：

1.专家把自己看作是农民，从农民的需求出发而作。农民多没有系统知识，农民要面对问题、解决问题。该书所写的某种蔬菜市场前景，品种介绍，如何育苗，如何整地备播，如何进行温度、光照、肥水、风口管理，如何整枝留瓜，如

何应对灾害性天气，如何诊断病害、虫害、肥害、盐害，怎么抗击涝灾、旱灾，怎样采收上市等等，这些都是种菜农民所急需的。由此看，作者是换位思考而写出的书，所以会受到广大农民群众的大大欢迎。

2.图文并茂、适宜文化素质参差不齐的农民劳动者看。务农劳动者是一个特殊的人群，素质参差不齐，多数需要看图识字，照方抓药。该书用图说话，将高深的科学道理蕴涵在简单的图片中，且这些图片是作者多年深入实际自己实地拍照的，极具有代表性，农民也好比照。这是科普图书的典型之作，也是需要广大的农业科技工作者和推广工作者学习的，农民需要的是科技的“三字经”，而不是高深理论。

3.这套书看似简单，恰恰是需要科学家所做的工作。看了中央电视台的大师讲科普节目，我常想什么是科学家，科学家需要把问题简单化。科学家不是不食人间烟火，科学家需要写出高水平论文，占领科技的制高点。同时，科学家也应该将自

己的工作告知大众。尤其是农业科技工作者，应该把自己的论文写在大地上。

孙茜研究员十几年在基层钻大棚、进温室、下田间、访农户、查病虫、搞培训，积累了大量的第一手资料，汇集成册并编辑出版了这套丛书。它不仅满足了广大菜农的需求和心愿，而且也给我们农业科技和推广人员提供了一套优秀培训教材，我为这套书的出版叫好！同时，也希望农业科技人员多出这样的精品。

河北省农林科学院院长　王慧军

2008年5月

编者的话

茄子在我国栽培已有1 000多年的历史，常年种植面积约63万公顷，总产量大约为1 200万吨，占世界总产量约54%。

河南省茄子栽培面积最大，其次是山东、辽宁、安徽、湖北、广东、四川、江西、江苏、河北。东北、华南、华东地区以栽培长茄为主；华北、西北地区以栽培圆茄、卵圆茄为主。北方日光温室或加温温室、塑料棚、地膜覆盖栽培与露地栽培相配合，实现了茄子周年生产。长江中下游及其以南地区通过塑料棚(包括塑料大、中、小棚)、地膜覆盖及遮阳网覆盖栽培，实现全年生产、周年供应。随着设施蔬菜种植面积的不断扩大和连年生产、多年连作，大量施用化肥和农药、土壤盐渍化、病虫害难以预防的现象普遍发生。针对这些问题，我们在指导茄农生产的同时，对茄子棚室栽培中的关键技术和病虫害防治技术进行了系列整体方案的制定与试验示范，继而进行了棚室茄子无公害生产关键技术的实战示范推广。根据试验示范、推广的经验，集成当前无公害茄子生产减灾增效无害化先进技术，我们以图说的形式介绍给茄子种植者，希望能给茄农带来更多的实战应用技术和丰厚的经济收益。

图1　棚室栽培的优质圆茄

图2　棚室栽培的优质长茄

目录

一、茄子的特性与棚室栽培

（一）形态特征

1.根 茄子的根系发达，属于纵向型直根系。主根垂直伸长，深度可达1.3～1.7米。侧根分布不及番茄根系。主要根群分布在30厘米的土层中。茄子根系木质化较早，生成不定根的程度相对弱一些，侧生根生成短，分布在5～10厘米左右的土层中（图3）。茄子根不像番茄根系再生能力较强，损伤后较难恢复。因此，育苗时不强调多次移栽来刺激旺盛生长的幼根系，应考虑采用营养钵育苗或穴盘无土育苗等方法。茄子根系需氧量大，田间积水、大水漫灌、土壤板结均会致使根系窒息，不利于根系生长，造成植株萎蔫死亡。因此，起高垄栽培和疏松土壤，是棚室茄子高产种植的重要措施。

图3　分布在浅表土层下的茄子根系

2.茎 茄子茎幼苗期为草质，成苗后逐渐木质化，随着成株挂果，粗壮的木质化枝茎成为丰产结茄的支架。

茄子分枝方式为双叉假轴分枝。主茎生长到一定节位时顶芽分化成花芽形成结果的单花或簇花，下面的两个腋芽萌发抽生为侧枝。以后每个侧枝再现2～3个叶后，顶芽又分化花芽，花芽下面再一次分枝，于是就构成了连续的双假轴二叉分枝。根据分叉、结果顺序从下到上依次成为人们常说的门茄、对茄、四门斗、八面风、满天星之说。茄子的枝干短截后，隐芽萌发会进一步结果，这为茄子植株更新结果提供了可能。

3.叶 茄子叶子为单叶、互生，柄长、叶形与品种特性有关。叶片边缘有波浪状的缺刻，叶面粗糙有茸毛，叶脉和叶柄有刺毛。叶片颜色与品种果色有关，紫色茄叶脉为紫色，如图4，白茄、绿茄叶脉为绿色，如图5。

图4 紫色茄子的叶片

图5 绿色茄子的叶片

4.花 茄子花为两性花。一般为单生，也有簇生。自花授粉。开花时，花粉从花药顶孔开裂散出。依据雌蕊柱头长短分为长柱花、中柱花、短柱花（图6）。花柱高出雄蕊为长柱花，柱头与雄蕊平齐为中柱花，长柱花和中柱花花大色深为健全花（图7），可以正常授粉结果；花柱低于雄蕊

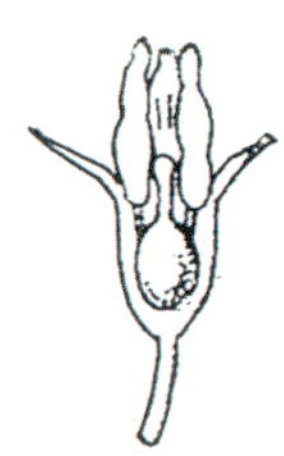

短柱花

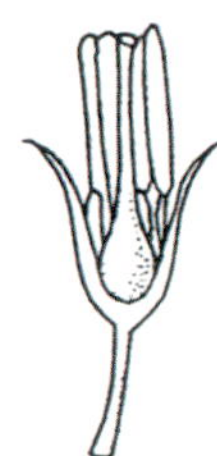

中柱花

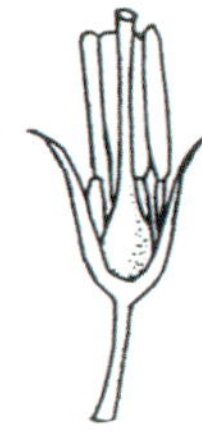

长柱花

图6 长柱花、中柱花和短柱花

（引自《茄子种质资源描述规范和数据标准》）

或退化为短柱花，花小色淡、花梗细多为不健全花，一般不能正常结果。未经受精而结的果实多为僵果，俗称石茄子，单性结实的茄子除外。

花器的大小多与生长势有关。植株生长健壮，叶大肉厚，叶色浓绿带紫，其花也肥大、花梗粗、花柱长。生长不良的植株，茎叶细小，花器也瘦小，花色淡、花柱短。土壤干旱或营养不良均会影响花器的发育，棚室栽培中应及时采取措施促使植株健壮，保证正常的生长发育。

5. 果实 茄子果实属于浆果。开花以前果实的细胞分裂已经结束，开花后主要靠海绵组织细胞的膨大而长成果肉。海绵组织细胞的紧密程度决定着果肉的质地。一般圆茄果肉比较致密，细胞排列紧密、间隙小；长茄果肉比较松散。

果实的形状有圆形、椭圆形、卵圆形、扁圆形和长形。果实颜色有紫红色、紫黑色、绿色、白色等（图8）。

6. 种子 茄子的种子扁圆形或卵圆形、黄白色，如图9。种皮有蜡质层，坚硬，不易透水透气。千粒重4～7克，每克种子150～250粒。种子的寿命为3～5年不等。

图7 色深健全的茄子花

图8 各种颜色的观赏茄子

图9 扁圆的茄子种子

（二）生育周期

茄子一生大致分三个时期，即发芽期、幼苗期和开花结果期。

发芽期：从种子吸水萌动到第一片真叶出现，约20天。此期应给予较高的温、湿度，出苗后应光照充足，以防止徒长。

幼苗期：从第一片真叶出现到现蕾是幼苗期，约50～60天。在幼苗期营养生长和生殖器官分化同时进行。幼苗4叶期以前主要是营养生长，3～4叶期开始花芽分化。一个花房多数情况下只分化一朵花。在适宜的温度范围内，温度稍低，花芽分化时间略微迟缓一些，但分化出的长花柱居多。苗期昼温25℃左右，夜温保持15～20℃较为适宜。棚室昼夜温度长期低于15～10℃将严重影响花芽分化。

开花结果期：茄子的结果习性是相当有规律的，这与茄子分叉有关，每分一次叉就结一层果实。按果实出现的先后顺序我们习惯上称为门茄、对茄、四门斗、八面风、满天星。开花数字呈几何倍数增长。前三层的分叉和果实分布比较准确，后面由于各分枝营养的不均衡，会有不太规律的果实分布。果实从开花到瞪眼、到成熟约需18～25天，到种子成熟还需要30～40天。

（三）对环境条件的要求

1.温度 茄子喜温，对温度的要求比较高（比番茄还要高一些）。茄子耐热性强，生育期间最适宜温度发芽期为30℃，低于25℃发芽缓慢。采用变温交替催芽处理效果会好一些。

图10 低温造成外翻、皱缩的茄子叶片

气温：茄子生长发育适宜生长温度为20～30℃，气温低于20℃，授粉和果实发育将受到影响；低于15℃，生长缓慢，易落花。茄子停止生长的温度是13℃。低于10℃时茄子的新陈代谢就会紊乱，如图10。在0℃时茄子会受冻害，持续时间长了，会因此死亡。相反温度高于35℃时，花器容易老化，短花柱比率增加，畸形果多或落花落果现象严重。根据茄子的适宜生长对温度条件的要求，棚室栽培冬春早期育苗，保温、加温环节是非常重要和必须的。

2.光照 茄子属于喜光作物，对光照要求不是很严格，但是日照时间越长，生长发育就越旺盛，花芽分化早，植株生长发育健壮。弱光条件下或光照时间短的环境里，会严重降低茄子花芽分化的质量，短花柱增多，落花率增加，果实着色不好，尤其是紫色品种受影响更大。创造良好的光照环境与合理密植是茄子高产、优质的基本条件。棚室栽培茄子对塑料薄膜有一定要求，需使用紫光膜即醋酸乙烯转光膜或聚乙烯白色无滴膜，以保证茄子着色均匀，商品性好。

3.水分 茄子对水分的需求量大，土壤含水量以70%～80%为宜。茄子不同的生长发育时期需水量有所不同，门茄时相对需水量较少，随着门茄的迅速增大，需水量逐渐增多，直到对茄收获前后需水量是最大的。满足茄子的需水量，对保证果实表面细腻和品质有着极大的作用。但是茄子又怕过度潮湿和积水，要随时防止土壤板结，改善土壤通透环境，空气相对湿度应控制在70%～80%。

4.土壤 茄子喜欢中性土壤，但在微酸性到微碱性的土壤上都能正常生长。茄子对肥量需求较高，这是由茄子的生长期长、产量高的特性决定的。在肥料的需求上中后期需求量比前期多1/3。茄子整个生育期都需要氮肥，氮不足生长势弱，分枝少，落花多，果实生长慢，果色不佳。多施磷肥可促进提早结果，充足的钾肥又可增加产量，在茄子生长中，吸收氮、磷、钾的比例约为3：1：4。因此底肥不足时，尽快用追肥补充，以保证茄子正常生长的养分需求。

二、茬口安排与品种选择

（一）茬口安排

茄子茬口有很多，已形成了日光温室（图11、图12）、大棚种植（图13）、中小棚种植（图14）、地膜覆盖和露地种植（图15）等多种形式共同发展的生产格局，不同地区茬口安排不同。

图11 日光温室越冬周年一大茬茄子种植

图12 日光温室春茬茄子种植

图13 大棚春茬茄子种植

图14　中小拱棚春茬茄子种植

图15　露地越夏茄子种植

以华北区域中南部为例，茄子各茬口的播种、定植及收获日期见表1。

表1　华北中南部茄子不同栽培形式的播种期和上市时间

栽培形式	设施名称	茬口	播种期（月/旬）	日历苗龄（天）	定植期（月/旬）	上市时间（月/旬）
露地栽培		早春茬（地膜）	1/中、下	80~100	4/中、下	6/上~8/底
		夏秋茬	4/中、下	50~60	6/中	8/上~11/上
保护地栽培	地膜+小拱棚	春提前	12/下~1/上	80~100	3/底~4/初	5/中~8/上
	塑料大中棚	春提前	12/上、中	80~100	3/中、下	5/上~7/底
		秋延后	6/中、下~7/上	35~40	7/下~8/中	9/中~11/下
	日光温室	秋冬茬	7/上、中	35~40	8/上~9/上	10/下~1/下
		冬春茬	10/中、下	80~90	1/下~2/上	3/上~7/下
		越冬茬	8/中	50~60	10/中~11/上	1/初~7/上

（二）品 种

1.茄杂2号 中早熟，生长势强，叶片绿色，叶脉浅紫色。始花着生于第8～9节，果实圆形，紫黑红色，如图16。光泽度好，果肉浅绿白，肉质细腻，味甜；单果重800～1 000克，最大2 000克，果实内种子少，大而不老，品质好。膨果速度快，从开花到采收15～16天，连续坐果能力强，如图17。抗逆性较强，较抗黄萎病，耐绵疫病，适应性广。一般每667米^{2}产7 000～10 000千克，最高达15 000千克。适合于春季大中棚、双覆盖及露地栽培。供种单位：河北省农林科学院经济作物研究所。

图16 茄杂2号商品茄果形

图17 茄杂2号长势

2.茄杂1号 早熟，丰产，抗寒能力强。果实紫黑色，高圆形，单果重600～800克，如图18。单株结果数多，膨果速度快。每667米^{2}产6 000千克以上，适合春早熟栽培。供种单位：河北省农林科学院经济作物研究所。

图18 茄杂1号田间长势

3.黑茄王 耐热、抗病。株型紧凑，果实圆形，紫黑油亮，无绿顶，商品性好，如图19。籽少。单果重800克，每667米^{2}产5 000千克，适合露地、越夏栽培。供种单位：河北省农林科学院经济作物研究所。

图19 黑茄王田间长势

4.茄杂6号 早中熟，门茄节位8节左右，生长势较强，株型紧凑，叶片窄小、上冲；果实扁圆形，果皮紫黑色、油亮，果面光滑，果顶、果把小，无绿顶，果肉浅绿色，肉质细密，味甜；单果重900克左右，商品性佳；每667米^{2}产量6 500千克左右。适合春、秋大棚及露地栽培。供种单位：河北省农林科学院经济作物研究所。

5.茄杂7号 中晚熟，植株生长势强，株型紧凑，叶片上冲，门茄节位10～11节。果实长筒形，略带尖，果长28～30厘米，果粗8～10厘米，果面光滑，果色紫黑，光泽度好，果肉浅绿白，单果重630～700克，商品性好。一般每667米^{2}产5 500～6 000千克，抗黄萎病能力强，适合秋棚栽培。供种单位：河北省农林科学院经济作物研究所。

6.茄杂12 早熟，株型较小，门茄节位6节。果实扁圆形，紫黑色，有

图20 茄杂6号果实

图21 茄杂7号果实

光泽，果肉浅绿白，肉质紧，商品性好，平均单果重713.9千克。每667米^{2}产6 000千克左右。耐低温弱光、易坐果、着色好、产量高，适合越冬温室、春大棚栽培。供种单位：河北省农林科学院经济作物研究所。

7.茄杂13 早中熟，植株生长势强，株型高大，门茄节位7～8节。果实圆形，紫黑色，果肉浅绿白色，肉质细腻，果面光滑，光泽度好，单果重800～1 150克。果实膨大速度快，连续采收期长，抗逆性强，丰产性好，每667米^{2}产7 000千克左右。适宜早春保护地和露地种植。供种单位：河北省农林科学院经济作物研究所。

图22 茄杂12果实

图23 茄杂13果实

8.农大601 中早熟圆茄，果皮黑亮，着色均匀，果肉紧实、细嫩、籽少，商品性状优良，丰产性好（图24），抗病性强。始花节位8～9节；株型紧凑，生长势强，性状整齐一致；坐果早，膨果快且连续集中。适合于早春、秋延后棚室栽培。供种单位：河北农业大学园艺学院。

图24 农大601果实

9.快星1号 杂种一代早熟圆茄，果紫红色发亮，果肉细嫩，平均单果重500克以上，如图25。生育期较短，株高70厘米，较直立，透光性好，始花节位7～8节，膨果快，结果能力强，植株抗枯萎病和黄萎病，耐寒，平均每667米^{2}产5 000千克以上。适于早春保护地及露地栽培。供种单位：河北农业大学园艺学院。

10.紫月 果形长棒槌形，杂种一代，中熟长茄，如图26。株高90～100厘米，株展75厘米，果长35厘米，果粗3～5厘米，结果性好，光泽，单果重200克，抗病优质。每667米^{2}产4 000～5 000千克。适于早春保护地、露地及越夏栽培。供种单位：河北农业大学园艺学院。

图25 果实紫红色的快星1号茄子

图26 长棒槌形的紫月长茄

11.墨星1号 杂种一代早熟圆茄，果圆形略扁，紫黑油亮，如图27。此茄生育期短，株型较紧凑，生长前期叶面有刺，始花节位6～7节，低温坐果能力强，结果性好，少籽，果肉细嫩，不易老，耐贮运，平均单果重500克以上，抗枯黄萎病，耐寒，平均每667米^{2}产5 000千克左右。适

图27 圆形略扁的墨星1号商品茄

图28 棒槌形的布利塔茄子的田间长势

图29 紫黑油亮的长形尼罗商品茄

图30 灯泡形安德烈商品茄

于早春保护地及露地栽培。供种单位：河北农业大学园艺学院。

12.布利塔 果实棒槌形，紫黑色，绿把，绿萼片，质地光亮油滑（图28），比重大，味道好，耐运输。果重450～500克。无限生长型品种，叶片中等大小，耐低温，耐弱光，早熟，每片叶一个花，坐果多，产量高，长季节栽培每667米^{2}产10 000千克以上。供种单位：荷兰瑞克斯旺种业。

13.尼罗 果实长形，紫黑色，绿把，绿萼片，质地光亮油滑（图29），比重大，味道好，耐运输。果重350～400克。无限生长型品种，叶片中等大小，耐低温，耐弱光，早熟，每片叶一个花，坐果多，产量高，长季节栽培每667米^{2}产10 000千克以上。供种单位：荷兰瑞克斯旺种业。

14.安德烈 果实灯泡形，紫黑色，绿把，绿萼片（图30），质地光亮油滑，比重大，味道好，耐运输。果重350～400克。无限生长型品种，叶片中等大小，耐低温，耐弱光，早熟，每片叶一个花，坐果多，产量高，长季节栽培每667米^{2}产15 000千克以上。供种单位：荷兰瑞克斯旺种业。

15.朗高 果实长形，紫黑色，绿把，绿萼片，质地光亮油滑。无限生长型品种，叶片中等大小，耐低温，耐弱光，早熟，果重400～450克，如图31。产量高，长季节栽培每667米^{2}产10 000千克以上。供种单位：荷兰瑞克斯旺种业。

图31　朗高长形茄的田间长势

16.紫光圆茄　生长势强（图32），叶片绿色，叶脉浅紫色。始花着生于第9～10节，果实圆形，紫黑红色，紫萼片，光泽度好，果肉浅绿白，单果重800～1 000克。适于越夏栽培或恋秋露地栽培。供种单位：邯郸农业技术高等专科学校园艺系。

17.超九叶圆茄　中晚熟。果实圆形稍扁，外皮深黑紫色，耐贮运，有光泽；果肉较致密，细嫩，浅绿白色，稍有甜味，品质佳。单果重1 000克，一般每667米^{2}产4 000～5 000千克。

图32　紫光圆茄

18.引茄1号 长形茄，株型较直立紧凑，开展度40厘米×45厘米，结果层密，坐果率高，果长30～38厘米，果粗2.4～2.6厘米左右，持续采收期长，生长势旺，抗病性强，根系发达，耐涝性强。商品性好。果形长直，不易打弯，果皮紫红色，光泽好，外观光滑漂亮，皮薄、肉质洁白细嫩，口感好，品质佳，一般每667米^{2}产3 500～3 800千克。供种单位：浙江省农业科学院。

栽培要点：适宜冬春保护地、春季露地等模式栽培。

（三）购买茄种应注意的问题

1.根据棚室的类型、种植模式选择适宜的品种 越冬茬一般选用耐低温、耐弱光的品种，如茄杂12、布利塔、尼罗等，早春季选用茄杂12、茄杂6号、茄杂2号、茄杂13、农大601、墨星1号等品种，越夏露地栽培选用耐热品种，如茄杂6号、黑茄王、墨星1号、紫光圆茄等均可。

2.根据管理水平选择优质、高产、抗性强的品种 不选择没有在当地经过示范试验的品种，避免不必要的经济损失和减产纠纷。买种子不同于买农药，若农药的药效不理想，还可以补救，种子一旦出现问题，则会错过种植季节，这就是农民常说的“有钱买籽，没钱买苗”的道理。更不要听信不负责任的种子经销商的诱惑和忽悠。在没有经过当地技术部门大面积示范的前提下，任何许诺或赊欠种子的行为，都会给菜农埋下经济损失的隐患，这方面的教训是惨痛的。尤其是越冬、早春栽培品种，品种的耐寒、耐弱光、耐低温的能力以及抗黄萎病性能都是影响茄子经济效益的重要因素，这些都是选择品种的关键。

3.根据当地市场销售渠道和价格优势选择品种 各地消费者在长期的生活中养成了不同的消费习惯，有的喜食长茄，有的喜食圆茄。因此，在选择茄种时应根据当地市场销售渠道和价格优势选择不同的品种。

三、育苗技术

（一）育苗方式

苗期在整个茄子生产中占有举足轻重的地位，秧苗的优劣直接影响着定植后植株的长势乃至最终的产量。早春栽培从时间上说苗期占整个生长期的1/3～1/2，且正处于一年中温度较低的季节，技术要求较高。夏季育苗，由于高温、病虫害等影响，也增加了培育优质壮苗的难度。所以育苗技术非常关键。

不同地区、不同茬口、不同的棚室种植模式，由于育苗时间所遇到的温度条件不一样，或由于当地的经济条件和生产习惯不同所采取的育苗方法不同，但是创造一个适宜茄子幼苗生长的环境，培育壮苗是最终目标。育苗方式主要有以下几种。

1. 苗床营养土育苗　在棚室里建立一个阳畦式温床，把营养土直接铺入育苗畦中，厚度10厘米左右，如图33。把种子撒播在小面积的土盘或土盆中，待幼苗出土生长至1～2片真叶时，再移栽至棚室中的育苗畦。

图33　育苗床

2.营养钵育苗 将营养土装入育苗钵中，育苗钵大小以10厘米×10厘米或8厘米×10厘米为宜，装土量以虚土装至与钵口齐平为佳，如图34，播种后施药土覆盖，如图35。也可以先把种子撒播在小面积的土盘中，待出土生长至1～2片真叶时再移栽营养钵中。生产中也有育苗阳畦与营养钵结合育苗的方式，集中把营养钵放置育苗畦中，如图36。棚中棚保温效果更好。

图34 营养钵育苗装土播种

图35 营养钵播种后覆药土

图36 阳畦营养钵结合方式育出的茄苗

3.穴盘无土育苗 目前生产上应用较多且简便易行、成活率高的是穴盘无土育苗技术，如图37。此技术已经在蔬菜主产区种植基地许多小规模专业合作社形式下的育苗农户以及蔬菜示范园区广泛应用，效果良好。根据育苗季节不同选择不同的苗盘，冬春季育苗：育5～6片叶苗，苗龄60～80天左右，如图38，一般选用50孔或72孔苗盘，夏季育苗：由于气温高，苗期短，一般选72孔苗盘。育苗基质为草炭、蛭石、废菇料、有机肥等。

图37 棚室穴盘育苗

图38 适龄健壮的穴盘茄子秧苗

4.营养块育苗 引用已经配置好的营养草炭土压制成块的定形营养块如图39，直接播种至土块穴中覆土，按常规管理法即可，如图40。

图39 草炭土压缩成形的营养块

图40 营养块育出的茄子秧苗

5.现代化工厂化育苗 采用草炭∶蛭石∶鸡粪∶牛粪为1∶2∶1∶1，或1∶1∶0.5∶0.5，再加入少量缓释肥料，鸡粪、牛粪需腐熟过筛。采取现代化的温控管理，如图41、图42。

图41 现代工厂化育苗温室

图42 工厂化育出的健壮茄子苗

（二）育苗土的配制

1.营养土配制 茄子育苗营养土要求疏松、肥沃、保水力强。一般按园田土6份、腐熟圈粪3份、腐熟马粪1份的比例配制。若土质黏重，可按园田土4份、圈粪3份、牛马粪3份的比例配制。另外，每立方米营养土加过磷酸钙(或磷酸二铵)和硫酸钾各0.5千克，均匀喷拌于营养土中，为防止苗期病虫害的发生，每立方米可加入68%金雷可分散粒剂100克和2.5%适乐时悬浮剂100毫升随水解后喷拌营养土一起过筛，如图43。用这样的药土装入营养钵或做苗床土铺在育苗畦上，可有效地防止苗期立枯病、炭疽病和猝倒病等病害。

2.穴盘基质配制 按体积计算基质配比，用草炭∶蛭石∶鸡粪∶牛粪为1∶1∶0.5∶0.5，或草炭∶蛭石为2∶1，或草炭∶蛭石∶废菇料为1∶1∶1，每立方米加入1:1:1的氮、磷、钾三元复合肥1~2千克，冬春季育苗用肥多，夏季育苗用肥少些。料与基质混拌均匀后备用。

图43 配制混拌药土

（三）播种育苗

1.育苗时间 根据当地气候条件和定植适期确定播种期。一般常规苗龄80~100天，北方冬春棚室如果保温设施好，茄苗生长速度快。茄子的适龄壮苗标准是：茎粗壮，株高18~20厘米；叶厚色深，早熟品种6~7片叶，中晚熟品种8~9片叶，根系洁白发达，如图44，70%以上现蕾；日历苗龄90~100天。若采用酿热温床或电热温床（图45），地温高，秧苗发育快，素质好，苗龄可适当缩短为80~85天。

图44 根系发达的茄子定植适龄苗

（1）春季棚室、双覆盖栽培：晋、冀、鲁、豫、辽、京、津区域一般12月上旬至翌年1月上旬播种，3月上至4月上旬定植。定植适期的关键是棚内气温不低于10℃，10厘米地温稳定在13℃以上1周的时间，从定植适期再往前推算一个苗龄的时间即为播种适期。

图45　电热线加温育苗

冬早春育苗，遇到降温时，建议使用生长调节剂3.4%碧护可湿性粉剂7 500倍液喷施，可提高茄苗的抗寒性。

（2）日光温室秋冬栽培：茄子育苗时间为7月中、下旬至8月上旬，日历苗龄为35～40天，8月下旬至9月上旬定植。培育适龄壮苗是这茬栽培成功的关键。高温、多雨、强光、虫害、干旱及伤根等，都是诱发病害发生及蔓延的重要因素。应选择通风条件好、地势高燥的地方作苗床，如图46，有利于排水、防徒长，在苗床上插起不小于80厘米高的竹拱架，上面搭旧塑料布、遮阳网或竹帘，以防强光、避高温、遮雨和防露水。夏季育苗用营养钵最好，每667米^{2}需育苗面积为40～50米^2，间苗后可直接栽到大田。有条件的地方，在苗床周围用尼龙网纱围起来，防止害虫迁入，如图47。

苗子出土后要中耕松土，防苗徒长和防病。防徒长可喷0.3%的矮壮素或0.4%比久生长抑制剂。2叶后喷施25%阿米西达悬浮剂2000倍10天1次，预防苗期病害，假如没有加盖防虫网、放置黄板诱蚜措施还要考虑防治蚜虫、蛐蛐和螨类等药剂。

（3）越冬一大茬栽培：育苗一般在8月下旬至9月上、中旬。对于深冬茬茄子，为增强耐寒能力，提高茄子对黄萎病、青枯病、根结线虫病和根腐病的抗性，一般采用嫁接栽培，育苗时间提前至7月中旬到8月中旬。此时

图 46　夏季育苗棚

图 47　苗床加盖防虫网

多数地区的温室尚未建立起来，在气温较高的黄淮海地区，可在露地做畦育苗，待分苗时，再转入温室中。露地育苗也要搭起拱架，上覆棚膜防雨，重点是加强夜间的保温。高纬度或高寒地区，须在温室或阳畦育苗，保温防寒尤为重要。如采取嫁接育苗，保温工作就显得更为重要。砧木可采用托鲁巴姆、刺茄(CRP)或赤茄，以托鲁巴姆嫁接的防黄萎病效果最好，生长势增强明显，如图48，生产上应用最多。砧木托鲁巴姆每667米^{2}用种10～15克，接穗品种每667米^{2}用种30～40克。

图 48　茄子嫁接苗示接口

2.种子处理　播种前检测种子发芽率，选择发芽率大于85%以上的子粒饱满、发芽整齐一致的种子。已包衣的种子可直接播种，未包衣的种子播前首先用1%的高锰酸钾溶液浸种30分钟，捞出淘洗干净，再用温汤浸种法浸种，即55℃水浸种并需不断搅拌，用水量为种子的5倍，浸泡15分钟，再用常温水浸泡20～24小时，然后搓去种皮上的黏液，洗净后摊开晾一晾，再将种子装入纱布袋，放在28～30℃恒温箱中催芽，如图49，催芽过程中不必每天用清水淘洗保持纱布湿润即可，如图50，注意翻倒装有催芽种子的布袋使其受热均匀，大约需3～5天出芽。若每天16小时30℃，8小时20℃变温催芽，能明显提高出芽的整齐度，且芽壮。茄子种子浸种后也可不催芽直接播种。

夏季育苗，除上述处理外，还要用10%磷酸三钠处理15～20分钟，然后用清水冲洗干净以杀灭种子表面的病毒，风干后播种。

嫁接使用的砧木种子发芽和出苗较慢，尤其是托鲁巴姆种子休眠性强，提倡用催芽剂或赤霉素（九二〇）处理，将砧木种子置于55～60℃温水中，搅拌至水温30℃，然后浸泡2小时，取出种子风干后置于0.1%～0.2%赤霉素（九二〇）溶液中浸泡24小时，处理时放在20～30℃温度下，然后用清水洗净、变温催芽。砧木种子应比接穗早播15～20天，一般砧木种子出苗后再播接穗种子，待砧木苗长到5～7片真叶、接穗（茄子苗）5～6片真叶时，进行嫁接。

图49 恒温箱催芽

图50 种子催芽过程中用清水投洗

3.播种及苗期管理

（1）播种：播前用清水将基质或营养钵喷透，以水从穴盘底孔滴出为宜，使基质达到最大持水量。待水渗下后播种，播种深度大于1厘米，播后覆盖蛭石，喷洒68%金雷水分散粒剂600倍液或72.2%普力克水剂800倍液封闭苗盘，预防苗期猝倒病。冬季育苗，苗盘上加盖一层地膜保水保温，如图51。夏季可不盖膜，但要及时喷水。

培育自根苗，最好用育苗钵或穴盘育苗，以保护根系。需要分苗的，可在露地做平畦育苗，如图52，待分苗时，再转入温室中。出苗期间温度以白天25～30℃、夜间18～20℃为宜；出苗至真叶展开期，夜温降至16℃左右、土温18℃以上为宜。为防止“戴帽”出土，拱土时可覆一次湿润的细土。

图51　苗盘上覆盖一层地膜保湿保温

（2）间苗和分苗：为保持适当的营养面积，齐苗后应及时间苗，保持苗距2～3厘米。间拔小苗、弱苗，防止秧苗过密造成高脚苗和弱苗，这段时间一般不浇水。当幼苗长到2～3片真叶时分苗，以免影响花芽分化。分苗前一天喷透水，起苗时要尽量少伤根，分苗密度以苗距10厘米为宜。苗距过小，不仅影响苗床内光照造成徒长，而且影响花芽分化，造成短柱花增多。缓苗后，可叶面喷洒尿素、磷酸二氢钾、糖、醋各0.3%的混合液肥。

图52　露地平畦育苗

图53　挖沟

图54　顺沟浇水

图 55 摆放茄苗

图 56 分苗覆土

图 57 阴天时棚室采用人工补光

把苗子移栽到营养钵内或秧畦中，分苗步骤是：挖沟如图53，顺沟浇水如图54，按10厘米苗距摆放茄苗如图55，覆土如图56。

（3）苗期管理：茄子是喜温作物，苗床温度管理掌握**“两高两低一锻炼”的原则**。播种后的出苗阶段和分苗后的缓苗阶段，适当提高管理温度，以白天28～30℃、夜间25～20℃、地温19～25℃为宜。齐苗后和缓苗后，为保证幼苗正常健壮生长和花芽分化及发育，以白天上午25～28℃不超过30℃、下午25～20℃、前半夜20～18℃、后半夜17～15℃为宜。阴天适当降低昼夜管理温度。定植前7～10天进行低温炼苗。整个苗期地温掌握在18～22℃，不低于16℃。苗床温度主要通过放风量和揭盖草苫的早晚来调节。还要注意结合温度管理放风排湿防病。

为改善床面光照状况，应注意选用无滴膜，经常清扫膜面，尽量早揭晚盖草苫，增加光照时间，阴天也要坚持揭苫见散射光。遇连阴天，可用人工补光，如图57，但一般要达到2 000～3 000勒克斯以上才能见效。

4.嫁接育苗 越冬温室栽培7月下旬将催好芽的砧木种子直接播在营养钵中，覆1厘米厚的细土。砧木开始出苗（约25天）时，在沙盘播接穗出苗后，适当间苗如图58。接穗种子。嫁接一般采用劈接法。当砧木、接穗（图

59）5～7片真叶时为嫁接适期，越冬温室栽培的时间为9月中、下旬。嫁接前一天下午，用80万单位青霉素、链霉素各一支对水15千克喷洒幼苗，或喷800～1 000倍的75%百菌清可湿性粉剂（达科宁）消灭感染源，并拔除病苗。砧木苗子嫁接前应适当控水，以防嫁接时胚轴脆嫩劈裂。从砧木基部向上数，留2片真叶，用刀片横断茎部，然后由切口处沿茎中心线向下劈一个深0.7～0.8厘米的切口，再选粗度与砧木相近的接穗苗，从顶部向下数，留1～2片叶子，把茎削成两个斜面长0.7～0.8厘米的楔形，将其插入砧木的切口中，要注意对齐接穗和砧木的表皮，用嫁接夹夹好，如图60，摆放到小拱棚里。

图58　苗床平播的接穗茄子幼苗

嫁接后的管理：嫁接后把苗钵摆在苗床上并浇透水，如图61。盖上小拱棚，保温保湿，适当遮荫，如图62，前5天温度白天保持24～26℃、夜间保持18～20℃，棚内相对湿度90%以上，5天后逐渐降低湿度，保持空气相对湿度80%，逐渐通风，如图63，苗子要适当见光，如图64，8天后空气相对湿度达到70%，10天后去掉小拱棚、拿掉嫁接夹，转入正常管理。砧木的生长势极强，嫁接接口下面经常萌发出枝条，应及时抹去，如图65，

图59　待嫁接的茄子砧木托鲁巴姆秧苗

图60　劈接法嫁接夹子固定后成活的茄子秧苗

以免消耗营养。

嫁接苗定植时注意事项：定植时注意嫁接苗刀口位置要高于栽培畦土表面3厘米以上，以防接穗根受到二次污染致病。

图 61 嫁接苗摆放在苗床上并浇透水

图 62 盖上小拱棚保温保湿

图 63 5 天后扒缝逐渐放风

图 65 及时摘除砧木萌发出的侧枝

图 64 适当见光，拉花苫的形式

四、整地与施肥

1.棚室消毒 定植前15天，每667米^{2}用硫磺粉1.5～2.5千克或敌敌畏250毫升，与锯末混匀后点燃，密闭24小时熏蒸消毒。还可密闭温室20天左右进行高温闷棚。越冬周年生产的棚室连作栽培的地块，应该考虑采用高温闷棚方法进行土壤消毒灭菌，这样可有效降低土壤中病菌和线虫的为害。其操作顺序是：7～8月份拉秧，如图66，深埋感病植株或烧毁，如图67，撒施石灰和稻草或秸秆及活化剂，如图68，一同施入腐熟鸡粪、农家肥、磷酸二铵，如图69，深翻土壤，如图70，大水漫灌，如图71，铺上地膜和封闭大棚，如图72，持续高温闷棚20～30天，保持土壤温度在50℃以上进行灭菌减害。注意可以放置土壤测温表（图73）、观察土壤温度。揭开地膜晾晒后即可做垄定植。这个方法可有效杀死土壤中的病菌与虫卵。

处理后的土壤栽培前应注意增施磷、钾肥和生物菌肥。

图66 清棚拉秧

图67 深埋或烧毁带菌病株

图 68 撒施石灰和秸秆

图69 施入腐熟鸡粪、农家肥等底肥

图 70 深翻土壤

图 71 大水漫灌

图 72 地膜封闭土壤

图 73 放置土壤测温表观察土温

2.施肥方案与作畦模式

（1）越冬茬长期栽培：一定要多施基肥。一般每667米^{2}施腐熟草圈粪10 000千克，并进行深翻；腐熟鸡粪2～3米^3，磷酸二铵30～50千克，硫酸钾30～50千克，用于沟施肥。整平地后，按宽行90厘米、窄行70厘米做南北向的定植沟，沟宽40～50厘米、沟深30厘米，将精肥施入沟内深翻，与土充分混匀，在沟内浇水。水渗后可操作时，起高20厘米、宽60厘米栽培垄，如图74。宽行留30厘米走道，窄行留10厘米浇水沟，即膜下暗灌沟。上述工作要在定植前7～10天完成。

图74 越冬茬茄子作畦模式

（2）冬早春栽培：每667米^{2}施腐熟草圈粪5 000千克，优质腐熟鸡粪3米^3，磷酸二铵50千克，硫酸钾30～50千克。草圈粪普施，鸡粪和化肥最好沟施。采取高畦覆地膜、大小行种植，大行距80～90厘米，小行距50～60厘米，株距40～50厘米，如图75。也可采用膜下暗灌形式。

图75 冬早春茬茄子作畦模式

（3）秋冬栽培：每667米^{2}施优质农家肥5 000千克，磷酸二铵50千克，硫酸钾30千克作基肥，深翻混匀，大小行栽培。

（4）春、秋大棚种植：每667米^{2}结合整地施入腐熟细碎有机肥5 000千克。茄子属深根性作物。撒粪后深翻30厘米。可作成高畦，宽80～90厘米，畦高12～15厘米，畦间距60～70厘米，每畦种2行，如图76。结合作畦，沟施优质腐熟鸡粪2～3米^3、磷酸二铵30～50千克、硫酸钾25千克或过磷酸钙50千克、饼肥150～200千克。为提高地温，作畦后应覆盖地膜。也可按大小行作成栽植沟，不覆地膜，日后渐渐培土成高垄，防止挂果后植株倒伏。

图76 春、秋茬茄子作畦模式

五、定植及设定密度

1.越冬一大茬栽培 定植时间为10月份，最晚不得超过11月上旬。选择晴天上午无风时定植。采用双行错位法定植，选择生长旺盛、整齐一致的苗子，按40～50厘米株距栽苗，密度每667米^{2}1 600～2 200株，依品种而定。花蕾朝南，栽苗后浇透水，随水穴施硫酸铜2千克拌碳酸氢铵8千克，预防黄萎病。嫁接育苗的苗子，定植时接口要高出地面至少3厘米，防止接穗接触土壤，产生自生根，进而感染黄萎病，失去嫁接的意义。土壤干湿适度时，进行中耕，增加土壤的通透性，提高土温，促使根系发育，俗话说“根深才能叶茂”。连锄两遍后，覆地膜，从地膜上划个小孔，把苗子掏出即可，如图77，目的是增温保湿。

图77 越冬茬茄子定植模式

2.冬早春栽培 采取高畦覆地膜、大小行种植，大行距80～90厘米，小行距50～60厘米，株距40～50厘米。也可采用膜下暗灌形式，如图78。

图78 膜下暗灌形式

选晴天上午定植，按一定的株距在膜上打孔，穴内浇水，尔后坐水栽入苗坨，再填土整平，也就是人们熟知的“水稳苗”。栽苗深度以覆土后土坨在地下1厘米左右为宜。栽苗1～3天后地温稍有回升，再浇定植水。为了创造更有利于秧苗早发的环境，定植后要盖小拱棚。

3.秋冬茬棚室栽培 定植时，大部分地区温室的棚膜尚未扣上，有一段或长或短的露地生长时间。每667米^{2}栽1 800～2 500株。定植前一天给苗床浇大水，起苗时尽量少伤根，确保一次全苗。选阴天或晴天的傍晚突击定植，要随栽随顺沟浇大水，以防苗子打蔫。

浇完定植水后抓紧中耕。4～5天后再浇一次缓苗水，然后掌握由深到浅、由近到远，反复中耕2～3次，要锄透，并注意向垄上培土，雨后及时松土。

4.春茬大棚栽培 定植密度依品种和整枝留果数而定，一般密度以每667米^{2}1 600～2 500株为宜。茄杂2号生长势强，果大，密度可适当放稀，一般每667米^{2}1 500～1 600株为宜，高密度栽培不能超过1 800株。

一般棚内10厘米地温稳定在13℃以上即可定植。如果大中棚内有保温措施，如地膜小拱棚、中棚加盖草苫（图79）等，可适当提前1～2周定植。定植采用开沟或挖穴暗水稳苗方法。避免畦面浇大水降低地温，延迟缓苗。栽植宜深些，以畦面高出土坨1厘米左右为宜。

图79 中棚茄子

5.秋延后大棚栽培 当苗子3～5片真叶，苗龄30～40天时，即可定植，一般在7月底至8月上中旬。结合整地施肥进行作畦。栽植密度因品种而异，一般每667米^{2}栽1 800～2 500株，如茄杂6号每株接3个茄子打顶，每667米^{2}需2 000～2 200株。为防止苗子日晒萎蔫，定植时应选阴天或晴天的下午，定植水要浇足浇透。对徒长的幼苗，不要栽植过深，可采取卧栽的方法，以促成不定根的形成。

六、田间管理

1.温度管理

(1) 越冬棚室茄子：茄子属典型的喜温作物，生育适温是22～30℃，低于17℃生长缓慢，较长时间处于7～8℃会发生冷害，35～40℃高温对茎叶和花器发育都不利。定植到缓苗期间温度宜高些，白天28～30℃，夜间不低于15℃，地温20℃左右。缓苗后温度要降下来。为了促进光合作用、有利于光合产物的运转和抑制呼吸消耗，正常情况下，**一天之中可按四段进行温度管理**：果实始收前，晴天上午25～30℃，下午28～20℃，前半夜20～13℃，后半夜13～10℃。果实采收期，上午26～32℃，下午30～24℃，前半夜24～18℃，后半夜18～15℃。阴天时白天不超过20℃，夜间13～10℃。

在不加温的日光温室里，冬季很难实现上述温度指标。这段时间光照时间短，光照强度弱，管理的温度必须从低掌握，切不可因天气好而盲目放高温。遇有连阴天时，首先要利用各种可行的增温保温设施，尽量不使最低气温低于8℃，争取地温在17～18℃以上。必要时需临时补温的，也只能使温度不下降到最低界限温度以下为度，没有必要使温度很高。否则只有高温，没有相应强度的光照，反而会过度消耗植株体内的养分，对安全渡过低温寡照时期不利。严冬过后，春季到来，日照时间越来越长，日照强度也越来越大，天气转暖，气候条件越来越适合茄子生长。这时要逐渐提高管理温度，进而转入按上述指标的正常温度去管理。

定植时，如果天气好、光照强，定植后1～2天中午放草苫遮阴。缓苗后嫁接苗生长较快，一定要通过中耕等措施蹲住苗，防止徒长造成的落花落果。以后，随着温度降低，防寒保温为栽培管理的重点，尤其在夜晚，应注意增加温室设施的保温性能，如辽宁海城地区越冬温室配置棉质苫被，如图

80，山墙外面培玉米秸秆等，后坡覆盖草苫（图81），温室内近门处用塑料薄膜围起缓冲带（图82），门口封严，必要时在棚面近底脚处再加盖纸被或稻草苫围护，如图83，防止棚内近底脚处形成低温带。12月上旬开始进入开花坐果期，此期管理重点是强化温室保温，温度通过盖草苫、放风调节。使用放风筒放风，可减少棚内温度变化的幅度。一般在棚内离后尾脊不远处，从东到西每隔3米左右留一个放风筒，支起多少放风筒和放风时间长短，依棚内温度而定。

图80　北方棚室加盖棉质苫被

图81　越冬棚室后坡覆盖草苫

图82　棚室近门处用塑料薄膜围起缓冲带

图83　棚面底脚稻草苫围护保温

12月下旬至翌年1月下旬是一年中最冷的季节，茄秧和果实都生长缓慢，这段时期又叫缓慢生长期，栽培管理的好坏是越冬栽培成功的关键，较寒冷地区更是如此。缓慢生长期的管理目标是茄秧能安全越冬，果实有一定生长量。主要管理措施是保温防寒。如果室内最低气温降至10℃以下就应临时加温，寒潮侵袭期间夜间短时间加温是必需的。

一般情况下白天不放风，上午揭苫时间以揭开之后温度暂时下降1℃左右，20多分钟后又能升温为准，在此前提下尽早揭苫子，使室内早受光并升温。阴天只要不降雪也要揭苫子，充分利用阴天的散射光，室内温度也能上升一些。不揭苫子就照不到散射光，室内得不到热量补充，又持续散热，室内温度就越来越低，无光又低温的环境对茄子生长很不利，因此，最忌阴天不揭苫子。降雪过后应立即除雪，揭开苫子受光升温。如果是雪后初晴，揭苫子时棚膜上应留一部分苫子，也是菜农常说的揭花苫，如图84。遮1～2小时花荫，防止骤然强光、升温使茄秧生理性脱水萎蔫，如图85。掌握气温晴天高，阴天低。下午室内气温降至20℃左右就盖纸被和草苫子等，动作要快，争取在较短时间内盖完，把较多的热量闷在温室里。但又不能盖得过早，要保证光照时间，一般每天至少要有6小时以上光照时数，短期5小时光照也勉强可以。

图84 阴雪天气揭花苫方式

图85 骤然强光升温造成的茄子生理性脱水萎蔫

2月中旬以后，随日照时数增加，适当早揭苫，晚盖苫，增加植株见光时间。

（2）秋冬棚室茄子：浇完定植水后抓紧中耕。4～5天后再浇一次缓苗水，然后掌握由深到浅、由近到远，反复中耕2～3次，要锄透推绒，并注意向垄上培土，雨后及时松土。

缓苗后，喷0.4%～0.5%矮壮素或助壮素（2毫升1支的加水10千克），促使壮秧早结果。

门茄开花前后各喷一次2 500倍的亚硫酸氢钠（光呼吸抑制剂），门茄开花时用50毫克/千克水溶性防落素（即20升水对1毫升防落素）加20毫克/千克赤霉素（即50升水中对1毫克赤霉素）喷花一次。注意喷杀螨剂防治红蜘蛛、茶黄螨等害虫。

当日平均气温达到16～18℃时，抓紧时间扣膜（紫色或白色膜）。扣膜初期不要完全封严，要通大风。以后随天气转冷逐渐减少通风，使茄子渐渐适应温室环境，直到封严，扣膜后的管理包括：喷雾或烟剂熏蒸，进一步除治虫害，务求不留或少留残虫；继续用防落素处理花；用双干整枝；在肥水管理中，温室内气温原则上不低于15℃，温度不能保证时，要及时加盖草苫、纸被，在前坡底部和后坡覆草，必要时需临时补温。要定期清洁棚膜，适时揭盖草苫，尽量创造有利于茄子开花结果的光温条件。适时通风排湿，白天温度不超过30℃。定期用药，搞好防病工作。

（3）棚室冬春茄子

缓苗期的管理：要尽量创造高温高湿条件，有利于提高地温，促进发根。定植后5～7天要密封温室和小拱棚，不通风。心叶开始变绿、生长即已缓苗，此时可通风降温，并在行间中耕，中耕要由深到浅、由近到远，避免伤根，反复进行。

缓苗后至采收前的管理：此期正值早春，气温低，管理上以提高温度为主。夜间一般不要低于15℃，白天也不要超过35℃。不能只顾保温而忽视了通风排湿，高温高湿易引起植株徒长，对结果不利。前期适当控制浇水，到门茄“瞪眼”时开始追肥浇水，一般每667米^{2}施复合肥15～20千克。开花前后2天用防落素蘸花一次。冬春茬茄子一般采取双干整枝，用绳吊枝。及时清理下部老、黄叶片，以改善株行间通透条件，减少养分消耗，加速结果，促使早熟。

结果期的管理：门茄生长时期，掌握白天25～30℃，前半夜16～17℃，后半夜13～10℃，当平均地温20℃时，25～30天可采收。

日最低气温稳定通过15℃以后，可将棚膜撤下来洗净收藏。

（4）春茬大棚茄子：定植后5～7天内不通风，提高棚温。白天保持30～33℃，不超过35℃，以利提高地温，夜间加强防寒保温，促进发根缓苗，超过33℃应放风降温。缓苗后开始通风，白天保持25～30℃，不超过33℃，夜间保持在15℃以上，尽量不低于13℃，以利开花坐果和果实发育。放风时应掌握先顺风放风，由小到大的原则，不断变换放风口，使棚内植株生长一致。5月份以后，当外界气温稳定在15℃以上时，要昼夜放风，防止高温障碍，掌握白天不超过30～33℃，夜间不高于18～20℃。5月中下旬，外界气温显著升高，可撤膜呈露地栽培，有利于果实着色。大棚也可不撤膜，但薄膜要四周高卷形成天棚。多层覆盖定植的，在温度条件可以保证的情况下，要及时撤去小拱棚、草苫等防寒物，以利争取光照。

图86 棚中加盖小拱棚栽培形式

（5）秋延后大棚茄子：为了让植株适应大棚环境，近几年来，秋延后茄子一般都带棚膜定植，定植时大棚两侧的膜卷起来。定植后因气温高，为了缓苗降温，要浇缓苗水。缓苗后进行蹲苗，要少浇水，多松土、培土。因此时温度高，若土壤水分过大，极易引起徒长。少浇水，及时松土，可控制徒长。

带棚膜定植的大棚，9月中旬以前，要将大棚两侧的膜撩起，无雨时开通风口通风，以降温、散湿。高温天气的中午可用遮阳网遮阳降温。9月中旬以后，随着外界气温的下降，要逐渐把大棚的两侧膜放下，白天开口通风，夜间盖严。10月上旬以后，当夜间温度降至15℃以下时，可在棚内加盖小拱棚，如图86；再冷时，在小拱棚与大棚之间盖一层薄膜，即三层覆盖，可适当延长采收期。

2.光照管理 茄子对光照强度的要求不太高，光补偿点也相对较低。但在日光温室里，特别是严冬时节，光照条件很难满足茄子正常生长的需要。在这种情况下，茎叶徒长、花器异常、果实畸形或着色不良等现象屡见不鲜。因此，在光照调节上，首先是选用采光性能好的温室，使用透光性能好的紫光膜（醋酸乙烯转光膜）、聚乙烯白色无滴膜，并在后墙张挂反光幕来增强光照。其次是

图87 越冬棚室张挂反光幕

要在温度条件允许的情况下，尽量早揭晚盖草苫，特别要注意对散射光的利用，即使最寒冷的时节，阴天时也要适当揭苫见光。同时，及时擦洗、清洁膜和张挂的反光幕，如图87，冬天每半月擦洗1次。此外，株行距的确定必须与这种弱光条件相适应，不能盲目缩小行距增加密度。

3.肥水管理

（1）越冬茬茄子：定植水浇过后5～7天，秧苗心叶开始生长时，视天气、土壤商情和苗子生长状况浇缓苗水，开始蹲苗，直到门茄鸡蛋大小前控制浇水、追肥。当门茄长至“瞪眼”时，开始追肥、浇水，采用膜下暗灌（图88）或滴灌（图89），每667米^{2}施尿素10千克。生育前期和越冬期水量不宜多，而且越冬时往往放风很少，地面覆盖能减少地面水分的蒸发，尽量做到空气相对湿度不超过80%。1月份是最寒冷季节，尽量不浇水。进入2月，看秧苗看天气浇水，不要等到叶子出现轻度萎蔫时再浇水。3月中旬地温到18℃时浇一次大水，3月下旬以后每5～6天浇一次水，每隔15天追肥一次，每667米^{2}施尿素10千克、磷酸二铵10千克、硫酸钾5千克。灌水半小时后放风，尽量排湿防病，在保证温度需要时，尽量加大放风量。盛果期叶面喷施0.3%尿素+0.3%磷酸二氢钾+0.5%过磷酸钙或爱多收等叶面肥，补充营养，一般7～10天一次。

图88　膜下暗灌方式

图89　膜下滴灌方式

（2）冬春茬茄子：门茄膨大时不能缺水，为防止温室湿度过大，可隔沟浇水，停2～3天中耕松土后再浇另一个沟。对茄膨大时，再次浇水，每667米^{2}随水冲入尿素10～15千克。门茄收完后，进入了盛果期，外界气温已高，应防止高温或高温加高湿的危害，同时要加强水肥管理。一般地表要见湿见干，一次清水一次肥水。此期可喷0.3%尿素+0.3%磷酸二氢钾+0.1%膨果素的混合液作根外追肥，7～10天一次。

当日平均气温稳定通过15℃以后，温室可昼夜通风，可结合浇水多次冲入粪稀，每667米^{2}每次1 000～1 500千克。这时的大水、大肥和追用粪稀对加速产量的形成、防植株早衰、延长结果期大有好处。

（3）春茬大棚茄子：定植后加强中耕松土，提高地温，促进发根缓苗。缓苗后浇缓苗水。水后中耕培土蹲苗，防止徒长。门茄"瞪眼"期结束蹲苗，浇催果水，进入开花结果前期，营养生长与生殖生长同时并进，要加强肥水管理。结合浇水追施"催果肥"，促进门茄迅速膨大。底肥充足的，这次肥也可不追施。门茄应及时采收，一般单果重0.5千克左右即可采收。以后每隔5～7天浇一次水，保持土壤湿润。水后加强通风排湿，减少棚内结露。追肥在门茄、对茄、四门斗茄膨大时分别进行，共3～4次，以氮肥为主。一般每667米^{2}每次施尿素10～15千克，或硫酸铵15～20千克，在对茄和四门斗茄膨大期间可叶面喷洒0.3%～0.5%的尿素和磷酸二氢钾混合液2～3次，或其他叶面肥，促进果实膨大。

（4）秋延后大棚茄子：缓苗后进行蹲苗，要少浇水，多松土、培土。因此时温度高，若土壤水分过大，极易引起徒长。少浇水，及时松土，可控制徒长。若苗子徒长，定植后可喷矮壮素（10升水对2毫升），促使北秧早结果。

开花时用防落素蘸花。门茄膨大后可随水冲施尿素每667米^{2}10～15千克，对茄膨大时再追肥一次。

4.整枝打杈 茄子的分枝结果比较规律，原则上按对茄、四门斗的分枝规律留枝。门茄以下的侧枝全部摘除，留门茄、对茄、四门斗、八面风茄子，但在四门斗生长过程中，要视植株结果情况剪去徒长枝和过长枝条，不留空枝，如图90，集中营养以保持连续结果性。

图90 整枝打杈

（1）越冬茬茄子：一般双干整枝，如图91，门茄采收后，将下部老叶摘除，待对茄形成后剪去上部两个向外的侧枝，形成双干枝。开春后像黄瓜一样，要栓绳、吊蔓，如图92，使植株茎叶在温室空间均匀摆布，保证植株的旺盛生长。嫁接茄子生长势强，要及时去掉接口下砧木孳生出的侧枝。一般株高可长到1.7～2米，每株可结茄子9～15个。

图91 双干整枝，及时摘除侧枝

（2）冬春茬大棚茄子：冬春茬茄子一般采取双干整枝，用绳吊枝，如图91、92。及时清理下部老、黄叶片，以改善株行间通透条件，如图93，减少养分消耗，加速结果，促使早熟。

（3）春茬大棚茄子：春茬大棚茄子采用双干整枝方式，如图91。高密度栽植的一般留果5个及时打尖，以获得早期高效益。正常密度的要吊绳绕蔓。在整个生育过程中，打掉门茄以下侧枝的叶片和分枝，以集中养分供应果实生长，促进早熟。分枝不宜过多，否则易造成枝叶郁闭，发生徒长、落花落果、着色不良、病害严重等现象。

图92 栓绳、吊蔓的茄子

（4）秋延后大棚茄子：密植栽培的（每667米^{2}2 200株左右）可在对茄瞪眼后，其上留2～4片叶打顶，每株只接3个茄子，果实个大、均匀。正常密度栽植的应双干整枝。搭架可防倒伏，如图94。

5.保花保果 茄子落花原因很多，除形成花的素质差、短花柱多外，营养不良、连阴天或持续低温、高温、病虫为害均可造成落花。防止落花最根本的措施应从培育壮苗、加强管理、保护根系、改善通透条件和预防病虫等方面做起。棚室茄子生产中，为保证产量，多采用熊蜂辅助授粉和外源激素授粉方法进行保花保果。

图93 打掉老叶、黄叶改善株行间通透环境

图94 搭架扶植茄子的栽培方式

（1）熊蜂授粉：棚室温度低于15℃或高于30℃时易引起落花落果，设施栽培中使用熊蜂授粉技术在一定程度上解决了这一问题。熊蜂授粉的优点是果实整齐一致，无畸形果，品质优；人们不受激素的困扰；省工省力，简单易掌握。一般500～667米^{2}的棚室放一群蜂，给予一定的水分和营养，将蜂箱置于棚室中部距地面1米左右的地方即可。蜂群寿命不等，一般40～50天，短季节如春季或秋季栽培一箱可用到授粉结束。利用熊蜂授粉，坐果率可达95%以上。

（2）药剂喷花法：药剂保花保果的方法主要是使用外源激素，也就是我们常用的果霉宁、防落素、番茄灵、沈农2号等，进行蘸花或喷花。重点是防止低温弱光引起的落花。使用激素的适宜期是在茄子花含苞待放到刚刚开放时，过早或过晚效果都不太好，一般在上午8～10时，用毛笔将药剂涂抹花柄有节（离层）处，或将花放到药水中浸泡一下，或用小喷壶喷花，药液中加入0.2%的和瑞或速克灵或扑海因，并加红色做标记，禁止重复使用。生产中农药企业常有配好的成品蘸花药剂供茄农保花保果使用。如果霉宁2号、丰产素2号、防落素等。通常使用激素后，往往造成花冠不易脱落，这样一来不仅影响果实表面的着色而且容易形成灰霉病的侵染源。所以，在果实膨大后还需注意将花冠轻轻摘掉。

茄子蘸花加防灰霉药剂复配参考配方：用于辅助保花保果的药品：果霉宁2号1毫升药液对1 500毫升水、丰产素2号20毫克原液对900毫升水、2，4-D 10～20毫克原液对1升水、番茄灵20～30毫克原液对1升水、防落素20～50毫克原液对1升水。同时在配好的蘸花药液中每1 500～2 000毫升加上10毫升2.5%适乐时悬浮剂（红色的）或3克50%和瑞水分散粒剂或4克50%速克灵可湿性粉剂预防灰霉病。

使用和防落素处理后，果实发育比较快，对肥水需求量增加，应适当加强肥水管理，效果才能好。对于发棵不好的植株，如坐果过早，可能要累住秧子，对以后生长不利，应考虑推迟使用生长调节剂。

药剂辅助保花技术，虽可保证产量，但也带来诸多问题，比如使用浓度不当，造成畸形花果，直接影响品质，降低价格；另外植物激素对人体是否有害一直是人们争论的问题。

（3）使用药剂保花保果的注意事项：

浓度与标记：无论用哪种激素，也无论用哪种方法，一定按照产品说明书要求的浓度操作。浓度小，影响效果；浓度大，易造成畸形果，直接影响品质和效益。药液中加入红色或墨汁作标记，避免重复蘸、涂或喷花。生产中常用含有红色颜料的适乐时种子包衣剂配置在蘸花药剂中，其红色起标记作用，杀菌药可预防茄子灰霉病，收到良好的效果。

避开高温时间：避免中午高温时操作，一般选上午10：00前和下午4：00后操作。

防止药液碰到茎叶或生长点：如果药液溅到茎叶或生长点，将导致茎叶皱缩、僵硬，影响光合作用，严重时生长受阻、产量下降。如果药液溅到茎叶上，应及时尽快喷施3.4%碧护可湿性粉剂5 000倍液解除药害。

6.二氧化碳施肥技术 二氧化碳施肥技术是蔬菜棚室栽培中增产极为显著的一项新技术。一般可增产20%～30%，同时还能提高蔬菜产品中干物质、糖、维生素C等营养物质的含量，降低纤维素含量，提高品质。二氧化碳施肥以开花结果前期进行效果最为显著，因每天大约日出后1.5小时，棚室内二氧化碳浓度开始低于外界大气二氧化碳浓度，故宜在揭苫或太阳出来后1.5小时进行二氧化碳施肥。

二氧化碳施肥以不挥发性酸和碳酸盐反应法较为经济，其中以碳酸氢铵—硫酸法取材容易，成本低，易掌握，菜农容易接受。

二氧化碳施肥浓度一般为1 000微升/升为宜，每667米^{2}棚室每天需浓硫酸2.75千克、碳酸氢铵4.65千克。具体做法如下：按照5～10米距离放1个塑料产气桶，在1个桶内加足1周的需酸量。浓硫酸用3倍的水稀释，先取3份水于桶内，然后用木棍斜靠在水面的容器壁上，使浓硫酸沿木棍和容器壁缓缓加入水中，搅匀、冷却。最后每天把1天需要的碳酸氢铵按照产气桶等分，放入产气桶内的稀酸中，即可产生二氧化碳气体。1周后桶内反应液可贮存备用，在追肥时，随水冲施。

七、采　　收

一般在茄子开花后18～25天就可采收，采收的标准是看茄子萼片与果实相连处白色或淡绿色环状带，当环状带已趋于不明显或正在消失，表示果实已停止生长，即可采收。采收方法是在露水干后，用剪子剪断果柄，轻放筐内，如图95，防止擦伤。采收后，如需暂时存放，注意防止果实冷害，最好覆盖保温物。

图95　运输车上的圆茄

八、棚室茄子主要病害与救治

◆ 苗期猝倒病

【症状】 猝倒病是茄子苗期的重要病害，多发生在早春育苗床（盘）上，常见症状有烂种、死苗、猝倒。烂种是播种后在其未萌发或刚发芽时就遭受病菌侵染，造成腐烂死亡；幼苗感病后在茎基部呈水浸状软腐倒伏，即猝倒，如图96。湿度大时，幼苗初感病时根部呈暗绿色，感病部位逐渐缢缩，病苗折倒坏死。染病后期茎基部变呈黄褐色干枯呈线状，如图97。在病苗或床面上密生白色棉絮状菌丝。

图96 幼苗感病后呈猝倒症状

图97 秧苗根部缢缩，褐色干枯呈线状

【发病原因】 病菌主要以卵孢子在土壤表层越冬，条件适宜时产生孢子囊释放出游动孢子侵染幼苗。通过雨水、浇水和病土传播，带菌肥料也可传病。低温高湿条件下容易发病，土温10～13℃，气温15～16℃病害易流行。播种或移栽或苗期浇大水，又遇连阴天低温环境发病重。

【救治方法】

生物防治：①选用抗病品种。如茄杂2号、茄杂12、茄杂6号、农大601、辽茄4号等。②采用无土育苗法。③加强苗床管理，保持苗床干燥，适时放风，避免低温高湿条件，不要在阴雨天浇水，浇水应选择晴天的上午。④苗期喷施叶面肥，提高抗病力。⑤清洁田园，切断越冬病残体组织、用异地大田土和腐熟的有机肥配制育苗营养土。严格控制化肥用量，避免烧苗。合理分苗、密植、控制湿度、浇水是关键。

药剂救治：药剂处理土壤。取大田土与腐熟的有机肥按6:4混匀，并按每立方苗床土加入100克68%金雷水分散粒剂和2.5%适乐时悬浮剂100毫升拌在一起混匀过筛。用这样的土装入营养钵或做苗床土表土铺在育苗畦上，并用600倍的68%金雷水分散粒剂药液封闭覆盖播种后的土壤表面。

种子包衣。种子药剂包衣可选2.5%适乐时悬浮剂10毫升+35%金普隆乳化种衣剂2毫升，对水150～200毫升包衣3千克种子，可有效地预防苗期猝倒病和立枯病、炭疽病等苗期病害（注意包衣加水的量以完全包上药剂为目的，适宜为好）。

药剂淋灌。可选择68%金雷水分散粒剂500～600倍液（折合100克药对3～4桶*水）或72%克抗灵、72%霜疫清可湿性粉剂700倍液，或72.2%普力克水剂1 000倍液等对秧苗进行淋灌或喷淋。

灰霉病

【症状】 灰霉病主要为害幼果和叶片。染病叶片呈典型V字形病斑，如图98。病菌从雌花的花瓣侵入，使花瓣腐烂，如图99，从茄蒂顶端或从残留在茄果面上的花瓣腐烂开始发病，茄蒂感病向内扩展，致使感病果呈灰白色，软腐，长出大量灰绿色霉菌层，如图100。

* 1桶水即1喷雾器水=15升水。

图98 感染灰霉病的茄子叶片呈V字形病斑

图 99 花萼初感染灰霉病

【发病原因】 灰霉病菌以菌核或菌丝体、分生孢子在病残体上越冬。病原菌属于弱寄生菌，从伤口、衰老的器官和花器侵入。柱头是容易感病的部位，致使果实感病软腐。花期是灰霉病侵染高峰期。病菌借气流传播和农事操作传带进行再侵染。适宜发病气温为18～23℃，适宜湿度为90%以上，低温高湿、弱光有利于发病。大水漫灌又遇连阴天是诱发灰霉病的最主要因素。密度过大，放风不及时，氮肥过量造成碱性土壤缺钙，生长衰弱均有利于灰霉病的发生和扩散。

图 100 茄子幼果感染灰霉病后期的霉层

【救治方法】

生态防治：①保护地棚室要高畦覆地膜栽培，暗灌渗浇小水，有条件的可以考虑采用滴灌，如图101，节水控湿。②加强通风透光，尤其是阴天除要注意保温外，应严格控制灌水。早春将上午放风改为清晨短时放湿气，清晨尽可能早的放风，尽快进行湿度置换，尽快降湿提温有利于茄子生长。③及时清理病残体，摘除病果、病叶和侧枝，并集中烧毁和深埋。④合理密植，高垄栽培，控制湿度是关键。氮、磷、钾均衡施用。⑤育苗时苗床土注意消毒及药剂处理。⑥棚室茄子栽培花期授粉可以采用熊蜂授粉，如图102，避免药剂蘸花授粉产生药害畸形果。

图101 采用滴灌的棚室栽培茄子

图102 熊蜂授粉棚室

药剂救治：因茄子灰霉病是花期侵染，茄子蘸花时一定带药蘸花。将配好的2 000毫升蘸花药液中加入3克50%和瑞水分散粒剂或40%施佳乐悬浮剂、50%农利灵干悬浮剂等进行蘸花或涂抹，使花器均匀着药。生产中菜农也有用2 000毫升蘸花药液配10毫升2.5%适乐时悬浮剂蘸花预防灰霉病的良好经验。也可单一用果霉宁、丰产素2号等每袋药对1.5千克水充分搅拌后直接喷花或浸花。果实膨大期要进行重点喷雾防治。最好采用茄子一生病害防治大处方进行整体预防（见本书第十一部分）。药剂可选用25%阿米西达悬浮剂1 500倍液或达科宁600倍液喷施预防，或选用50%和瑞水分散粒剂1 200倍液，或50%农利灵干悬浮剂1 000倍液，或40%施佳乐悬浮剂1 200倍液，或50%多霉清可湿性粉剂800倍液或50%扑海因可湿性粉剂500倍液或50%利霉康可湿性粉剂1 000倍液喷雾。

◆ 绵疫病

【症状】 茄子绵疫病又称疫病，菜农又叫“掉蛋”、“烂茄子”，是危害茄子的三大病害之一。主要为害即将成熟的茄子，造成烂茄，如图103。严重影响产量和收益，损失率可达20%～60%。主要为害果实、叶、茎、花器等部位。近地面果实先发病，受害果初现水渍状圆斑，稍有凹陷，以后很快扩大呈片状，如图104，直至整个果实受害，病部黄褐色，果肉变黑褐色腐烂，湿度大时受害果易脱落，果面长出茂密的白色棉絮状菌丝，如图105，腐烂，有臭味。茎部受害初呈水浸状，后来变暗绿色或紫褐色，病部缢缩，上部枝叶萎垂，潮湿时病部生有稀

图103 感染疫病的烂长茄

疏的白霉，如图106。叶片受害呈不规则或近圆形水浸状大病斑，病斑褐色至红褐色，有较明显的轮纹，扩展很快，湿度大时病斑边缘不清，如图107，生有稀疏白霉。

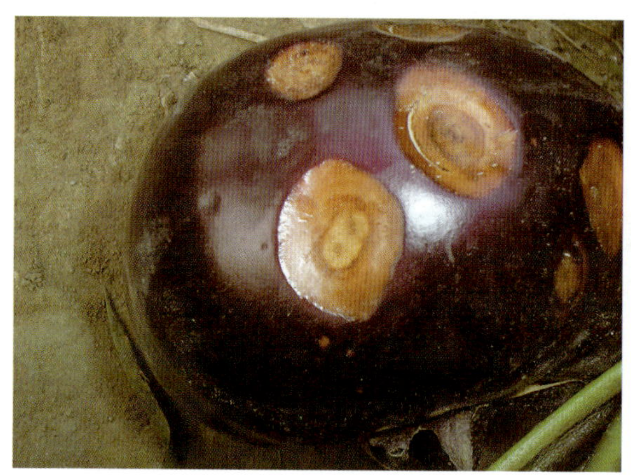

图104 病茄上生水渍状凹陷圆斑

图105 长出白色絮状菌丝变软的病茄

图106 有稀疏白霉的感病枝干呈褐色缢缩状

图107 感病后期疫病大块病斑叶片

【发病原因】 茄子绵疫病病菌以菌丝体、卵孢子及厚垣孢子随病残体在土壤或粪肥中越冬。借助风、雨、灌溉水、气流传播蔓延。发病适宜温度28～30 ℃，棚室湿度大、大水漫灌以及漏雨棚室和地表施用未腐熟的厩肥发病严重。

【救治方法】

生态防治：①选用抗病性较强的茄子品种，一般是圆茄比长茄抗病性强，紫茄比绿茄抗病性强，如茄杂2号、茄杂12、农大601、茄杂6号、九叶茄、辽茄4号、成都墨茄等。②实行3～5年轮作。选择高低适中、排水方便的肥沃地块，秋、冬深翻，施足优质腐熟的有机肥，增施磷、钾肥。③采用高畦栽培（图108），避免积水，或高畦地膜覆盖大小行栽培，有条件的地方建议使用膜下暗灌或滴灌，棚室湿度不宜过大，发现中心病株及时拔出深埋。把握好移栽定植后的棚室温、湿度，注意通风，不能长时间闷棚。④清洁田园，将病果、病叶、病株收集起来深埋或烧掉。⑤及时整枝、打掉下部老叶，防止大水漫灌，注意通风透光，降低湿度。⑥夏天暴雨过后，要用井水浇一次，并及时排走以降低地温，防止潮热气体熏蒸果实造成烂果。这就是人们常说的“涝浇园”。

图108　大棚高垄栽培模式

药剂防治：预防建议采用茄子一生病害防治大处方（见本书第十一部分），也可以选用25%瑞凡悬浮剂1 000倍液，或75%达科宁可湿性粉剂600倍液，或25%阿米西达悬浮剂1 500倍液，或80%大生可湿性粉剂500倍液。防治药剂可用68%金雷水分散粒剂600倍液，或25%瑞凡悬浮剂800倍液加25%阿米西达悬浮剂1 500倍液，或69%安克可湿性粉剂600倍液，或72.2%普力克水剂800倍液，或72%克抗灵可湿性粉剂800倍液，或62.5%银法利悬浮剂800倍液喷施。茎基部感病可用68%金雷水分散粒剂500倍液喷淋或涂抹病部，尤其是感病植株茎秆以涂抹病部效果更好。

◆ 褐纹病

【症状】 茄子褐纹病主要侵染子叶、茎、叶片和果实，苗期到成株期均可发病。幼苗受害时，茎基部出现近乎缩颈状的水浸状病斑，而后变黑凹陷，致使幼苗折倒。生产中常把苗期的此病称为立枯病。茄子褐纹病以果实上病斑最易识别，起初病果呈圆形或椭圆形稍有凹陷，如图109，病斑不断扩大，排列成轮纹状，可达整个果实，如图110、图111，后期病部逐渐由浅褐变为黑褐色，下陷，斑缘凸出清晰可见，病斑凹陷并生出麻点状黑色轮

图109 初期病茄上稍有凹陷的病斑

图110 重症褐纹病斑连片的茄果

纹。病果落地软腐，或留在枝干上，呈干腐僵果状，如图112。成株叶片受害呈水浸状小圆斑，扩大后病斑边缘变褐色或黑褐色，病斑中央灰白色，如图113，有许多小黑点，呈同心轮纹状，病斑易破碎穿孔，茎部受害，形成梭形病斑，边缘深紫褐色，最后凹陷干腐，皮层脱落，易折断，有时病斑环绕茎部，使上部枯死。

图111 重症感染褐纹病的长茄

图112 长出麻点状黑色轮纹菌核的干腐僵果茄

图113 叶片病斑边缘褐色或黑褐色中央灰白色

【发病原因】 茄子褐纹病病菌以菌丝体或拟菌核随病残体或种子越冬，借雨水传播。发病适宜温度为24 ℃，湿度越大发病越重。棚室温度低，叶面结水珠或茄子叶片吐水、结露的条件下病害发生重，易流行。北方春末夏初棚室栽培或露地、秋季后栽培的茄子发病重。温暖潮湿，大水漫灌，湿度大，肥力不足，植株生长衰弱发病严重。一般春季保护地种植后期发病几率高，流行速度快。管理粗放也是病害流行的原因，应引起高度重视。

【救治方法】

生态防治：①选用抗病品种。如茄杂1号、茄杂2号、农大601、紫月长茄、辽茄4号、黑茄王等品种。及引进品种瑞马、安德列、布里塔、郎高等。②轮作倒茬和苗床土消毒可减少侵染源。③种子处理。a. 种子消毒。用升汞水1000倍液浸种10分钟，洗净后催芽。b. 种子包衣防病。选用2.5%适乐时悬浮种衣剂10毫升加35%金普隆乳化种衣剂2毫升，对水150～200毫升可包衣4千克种子。c. 温汤浸种，用55～60 ℃温水浸种15分钟，或用75%达科宁可湿性粉剂500倍液浸种30分钟后冲洗干净催芽。均有良好的杀菌效果。④实行2～3年以上轮作。⑤苗床消毒。播种时每平方米苗床用20克10%世高水分散粒剂混10千克床土，或40克50%多菌灵可湿性粉剂拌10千克床土配成药土，下铺上盖播种，有较好的防效。⑥培育壮苗，加强田间管理。开沟施肥，增施有机肥及磷、钾肥，促茄子早长、早发，及时锄划、整枝打杈，把茄子的采收盛期提前到病害流行之前，可有效防治此病。⑦结果期防止大水漫灌，增加田间通风量，加强棚室管理，注意放湿气，避免叶片结露和吐水珠。地膜覆盖或滴灌可降低湿度减少发病机会。农事操作应选在晴天进行，避免阴天整枝、绑蔓、采收等。

药剂防治：建议采用茄子一生病害防治大处方进行整体预防（见本书第十一部分）。因病害有潜伏期，一旦发病防不胜防。也可选取25%阿米西达悬浮剂1 500倍液早期系统预防。救治可选用75%达科宁可湿性粉剂600倍液，或56%阿米多彩悬浮剂800倍液，或10%世高水分散粒剂1 500倍液，或32.5%阿米妙收悬浮剂1 000倍液，或80%大生可湿性粉剂600倍液，或70%品润干悬浮剂600倍液，或25%

凯润乳油1 500倍液，或6%乐比耕可湿性粉剂1 500倍液等喷雾。

◆ 白粉病

【症状】 茄子全生育期均可感病，主要感染叶片。发病重时感染枝干。发病初期主要在叶面或叶背产生白色圆形有霉状物的斑点，如图114，从下部叶片开始染病，逐渐向上发展。严重感染后叶面会有一层白色霉层，如图115，发病后期感病部位白色霉层呈灰褐色，叶片发黄坏死。

图114 感染白粉病的茄子叶片

图115 茄子叶片背面产生白粉霉层

【发病原因】 病菌以闭囊壳随病残体在土壤中越冬，越冬栽培的棚室可在棚室内作物上越冬，借气流、雨水和浇水传播。温暖潮湿、干燥无常的种植环境，阴雨天气及密植、窝风条件易发病和流行。大水漫灌、湿度大、肥力不足、植株生长后期衰弱，发病严重。

【救治方法】

生态防治：①引用抗白粉的优良品种，一般常种的品种有茄杂2号、茄杂4号、农大601、快星等及引进品种安德列等。②适当增施生物菌肥及磷、钾肥，加强田间管理。③合理密植，降低湿度，增强通风透光。④收获后及时清除病残体，并进行土壤消毒。

药剂防治：建议采用茄子一生病害防治大处方进行整体预防。因该病突发性强，一旦发病防不胜防。采用25%阿米西达悬浮剂1 500倍液预防会有非常好的效果。也可选用75%达科宁可湿性粉剂600倍液，或10%世高水分散粒剂2 500～3 000倍液，或56%阿米多彩悬浮剂1 000倍液，或32.5%阿米妙收悬浮剂1 200倍液，或80%大生可湿性粉剂600倍液，或70%品润干悬浮剂600倍液，或2%加收米水剂400倍液，或6%乐比耕可湿性粉剂1 500倍液，或43%菌力克悬浮剂6 000倍液等喷雾。生长后期可以选用30%爱苗乳油3 000倍液喷雾。棚室拉秧后及时用硫黄熏蒸消毒。

◆ 细菌性叶斑病

【症状】 茄子叶斑病是细菌性病害。主要为害叶片、叶柄和幼果。茄子整个生长期均可能受害，零星发病。感病叶片呈水浸状浅褐色凹陷斑。叶片感病初期叶背为浅灰色水浸状斑，如图116，渐渐变成浅褐色坏死病斑，病斑不受叶脉限制呈不规则状，棚室温湿度大时，叶背面会有白色菌脓溢出，干燥后病斑脆裂穿孔，如图117，这是区别于疫病的主要特征。

图116 初期感病叶片呈浅灰色凹形病斑

图117 感病叶病斑脆裂穿孔

【发病原因】 茄子细菌性叶斑病病菌属于细菌，可在种子内、外和病残体上越冬。病菌主要从叶片或茄果的伤口、叶片气孔侵入，借助飞溅水滴、棚膜水滴下落或结露、叶片吐水、农事操作、雨水、气流传播蔓延。适宜发病温度为24～28 ℃，相对湿度70%以上均可促使细菌性病害流行。昼夜温差大、露水多，以及阴雨天气整枝绑蔓时损伤叶片、枝干、幼嫩的果实均是病害大发生的重要因素。

【救治方法】

生态防治：①选用耐病品种。引用抗寒性强、耐弱光、耐寒的杂交茄品种，引进品种需严格进行种子消毒灭菌。②清除病株和病残体并烧毁，病穴撒石灰消毒。③采用高垄栽培，严格控制阴天带露水或潮湿条件下的整枝、打杈等农事操作。④种子消毒。a. 温汤浸种。将种子投入55℃（2份开水+1份凉水）温水中，搅拌至水温30℃，静置浸种16～24小时。b.70℃10分钟干热灭菌。c. 药剂浸种。将种子预浸5～6小时，再用40%福尔马林100倍液浸20分钟，取出密闭2～3小时，清水冲净。

药剂防治：预防细菌性病害初期可选用47%加瑞农可湿性粉剂800倍液，或77%可杀得可湿性粉剂500倍液，或25%细菌灵可湿性粉剂400倍液，或27.12%铜高尚悬浮剂800倍液喷施或灌根。或用50%冠菌清可湿性粉剂500倍液喷施。每亩用硫酸铜3～4千克撒施后浇水处理土壤可以预防细菌性病害。

◆ 黄萎病

【症状】 茄子黄萎病发病一般在门茄膨大期，苗期较少发病。感病植株初期发病表现为下部或一侧部分叶片白天呈萎蔫状，看似蒸腾脱水，晚上恢复原状态，故俗称“半边疯”，如图118，切开根、主茎、侧枝和叶柄，可见到维管束变黄褐色或棕褐色（图119、图120）。而后萎蔫部位或叶片不断扩大增多，逐步遍及全株致使整株萎蔫枯死，如图121。湿度大时感病茎秆表面生有灰白色霉状物。

图 118 茄子黄萎病植株初期症状

图119 剖开茄子黄萎病植株茎，维管束变褐

图 120 正常的茄子维管束

图 121 重症茄子黄萎病植株

【发病原因】 黄萎病菌系大丽轮枝菌，通过维管束从病茎向果实、种子传导，形成系统性侵染。从苗期到生长发育期均可染病。以休眠菌丝体、厚垣孢子和菌核随病残体在土壤中越冬。可在土壤中存活6～8年。从伤口、根系的根毛细胞间侵入，进入维管束并在维管束中发育繁殖，并扩展到枝叶，病菌在维管束中繁殖堵塞导管致使植株萎蔫、枯死。发病适宜温度为19～24 ℃，地势低洼、浇水不当、重茬、连作、施用未腐熟肥料的地块发病重。

【救治方法】

生态防治：①轮作4年以上，有条件的轮作6年。②嫁接防病。采用野生茄子作砧木与所选种的茄子品种做接穗嫁接，这是当前最有效的防治因重茬、土壤带菌造成黄萎病的防治方法。嫁接方式有许多种，生产中常用靠接、插接、劈接等方式，茄子嫁接常用插接法具体操作见第三部分的播种育苗，也可以根据自己掌握的熟练技术程度选择适合自己的方法进行。③高温闷棚，见第四分部的棚室消毒。④选择抗病品种。如茄杂6号、茄杂12号、农大601、快星、紫月、茄杂2号及引进品种郎高、瑞马、安德列均有较好的抗黄萎病效果。⑤加强管理。采用营养钵育苗，营养土消毒，苗床或大棚土壤处理。取大田土与腐熟的有机肥按6∶4混匀，并按每100千克苗床土中加入68%金雷水分散粒剂10克和2.5%适乐时悬浮剂20毫升拌土一起混匀过筛。再加上200克10亿活孢子/克枯草芽孢杆菌可湿性粉剂用配好的苗床土装营养钵或铺在育苗畦上，可以减轻黄萎病菌的为害。适当增施生物菌肥和磷、钾肥。降低湿度，增强通风透光，收获后及时清除病残体，并进行土壤消毒。

药剂救治：①种子包衣防病。即选用2.5%适乐时悬浮种衣剂10毫升加35%金普隆乳化种衣剂2毫升，对水150～200毫升可包衣4千克种子。②定植时用生物农药处理。即撒药土，用10亿活孢子/克枯草芽孢杆菌按1∶50的药土比混合，每穴撒50克，可以有较好的防病效果。③灌根。定植时可选用萎菌净可湿性粉剂（枯草芽孢杆菌）1 000倍液每株用250毫升灌穴，如果在门茄瞪眼期再灌一次效果会更好；有机质含量高的地块防效好于化肥施用多的地块。也可选用75%达科宁可湿性粉剂800倍液，或2.5%适乐时悬浮剂1 500倍液，或80%大生可湿性粉剂600倍液，或70%甲基托布津可湿性粉剂500倍液，或50%多菌灵可湿性粉剂500倍液，每株250毫升，在生长发育期、开花结果初期、门茄瞪眼时连续灌根，早防早治效果会很明显。

◆ 褐斑病

【症状】 褐斑病常发生在茄子生长中后期，主要为害叶片。染病初期叶片呈水浸状褐色小斑点，病斑颜色较鲜亮，逐渐扩展成不规则深褐色病斑，病斑中央呈灰褐色亮斑，如图122，并在周围伴有一条轮纹宽带，严重时病斑连片，导致叶片脱落。

图122 感染褐斑病的茄子叶片

【发病原因】 病菌以菌丝体或分生孢子器随病残体在土中越冬，借风雨传播，从伤口或气孔侵入，高温高湿条件下发病严重。春季设施茄子生长后期和雨季到来时节有利于病害流行。

【救治方法】

生态防治：①实行轮作倒茬；②地膜覆盖方式栽培可有效减少初侵染源；③适量浇水，雨后及时排水；④茄果后期打掉老叶，加强通风；⑤合理增施钾肥、锌肥，注意补镁、补钙。

药剂救治：建议采用茄子一生病害防治大处方进行整体预防（见本书第十一部分）。病害有潜伏期，发病后防治已经非常被动，采取25%阿米西达悬浮剂1 500倍液预防会有非常好的效果，也可选用75%达科宁可湿性粉剂600倍液，或56%阿米多彩悬浮剂1 000倍液，或32.5%阿米妙收悬浮剂1 200倍液，或10%世高水分散粒剂1 500倍液，或80%大生可湿性粉剂600倍液，或70%品润干悬浮剂600倍液，或50%利霉康可湿性粉剂500倍液，或50%灰美佳可湿性粉剂500倍液等喷雾。

◆ 菌核病

【症状】 菌核病在重茬地、老菜区发生比新菜区严重。茄子整个生长期均可受侵染，成株期发生较多，成株期各个部位均有感病现象。先从主干茎基部或侧根侵染，呈褐色水渍状凹陷，如图123，主干病茎表面易破裂，湿度大时，皮层霉烂，髓部形成黑褐色菌核，致使植株枯死。叶片染病呈水浸状大块病斑，偶有轮纹，易脱落，茄果受害端部或阳面先出现水渍状斑后变褐腐，感病后期茄果病部凹陷，斑面长出白色菌丝体，后形成菌核，如图124。

图123　主干基部皮层霉烂纤维外露植株枯死

图124　病茄斑面水渍状褐腐并长出白色菌丝体

【发病原因】 病菌主要以菌核在田间或棚室保护地中越冬。春天子囊孢子随伤口、叶孔侵入，也可由萌发的子囊孢子芽管穿过叶片表皮细胞间隙直接侵入，适宜发病温度为16～20℃，早春低温高湿、连阴天、多雾天气发病重。

【救治方法】

生态防治：①保护地栽培地膜覆盖，阻止病菌出土，降湿、保温净化生长环境。②土壤表面药剂处理，每100千克土加入2.5%适乐时悬浮剂20毫升、68%金雷水分散粒剂20克拌均匀撒在育茄苗床上。③清理病残体并集中烧毁。

药剂救治：建议采用茄子一生病害防治大处方进行整体预防，可以有效减少和降低发病几率（参见第十一部分）。这样做成本低，效益高。药剂可选用25%阿米西达悬浮剂1 500倍液，或75%达科宁可湿性粉剂600倍液喷施预防；或选用10%世高水分散粒剂800倍液，或56%阿米多彩悬浮剂1 000倍液，或32.5%阿米妙收悬浮剂1 200倍液，或50%农利灵干悬浮剂1 000倍液或40%施佳乐悬浮剂1 200倍液，或50%多霉清可湿性粉剂800倍液，或50%扑海因可湿性粉剂500倍液，或66.8%霉多克可湿性粉剂600倍液，或50%利霉康可湿性粉剂800倍液喷雾。

◆ 线虫病

【症状】 线虫病就是菜农俗称“根上长土豆”或“根上长疙瘩”的病，如图125。主要为害植株根部或须根。根部受害后产生大小不等的瘤状根结，剖开根结感病部位会有很多细小的乳白色线虫埋藏其中。地上植株会因发病而生长衰弱，中午时分有不同程度的萎蔫现象，并逐渐枯黄。

图125 茄子线虫病病根

【发病原因】 线虫生存在5～30厘米的土层之中。以卵或幼虫随病残体遗留在土壤中越冬。借病土、病苗、灌溉水传播，可在土中存活1～3年。线虫在条件适宜时由寄生在须根上的瘤状物，即虫瘿或越冬卵，孵化形成幼虫后在土壤中移动到根尖，由根冠上方侵入定居在生长点内，其分泌物刺激导管细胞膨胀，形成巨型细胞或虫瘿，称根结。田间土壤的温湿度是影响卵孵化和繁殖的重要条件。一般喜温蔬菜生长发育的环境也适合线虫的生存和为害。随着北方深冬季种植茄子面积的扩大和种植时间的延长，越冬保护地栽培茄子给线虫越冬创造了很好的生存条件。连茬、重茬地种植棚室茄子，发病尤其严重。越冬栽培茄子的产区线虫病害发生普遍。

【救治方法】

生态防治：①无虫土育苗。选大田土或没有病虫的土壤与不带病残体的腐熟有机肥以6∶4比例混均，每立方米再加入100毫升1.8%阿维菌素乳油混匀用于育苗。②石灰氮反应堆法灭菌杀虫。石灰氮的学名叫氰氨化钙。其原理是氰氨化钙遇水分解后所生成的气体单氰胺和液体双氰胺对土壤中的真菌、细菌、线虫等有害生物有广谱性杀灭作用。氰氨化钙分解的中间产物单氰胺和双氰胺最终可进一步生成尿素，具有无残留、不污染的优点。操作方法是：前茬蔬菜拔秧前5～7天浇一遍水，拔秧后将未完全腐熟的农家肥或农作物碎秸秆均匀地撒在土壤表面，如图126，立即将60～80千克/亩的氰氨化钙均匀撒施在土壤表层（图127），旋耕土壤10厘米使其均匀混入（图128），再浇一次水（图129），覆盖地膜（图130），高温闷棚7～15天，然后揭去地膜，放风7～10天后可做垄定植。处理后的土壤栽培前注意增施磷、钾肥和生物菌肥。③高温闷棚药剂处理法。茄子拉秧后的夏季，土壤深翻40～50厘米，每亩混入沟施的生石灰200千克、1.8%阿维菌素乳油250毫升、50%辛硫磷乳油1 000毫升。每亩可随即加入松化物质秸秆500千克，旋耕、挖沟浇大水漫灌后覆盖棚膜高温闷棚，或铺地膜盖严压实。15天后可深翻地再次大水漫灌闷棚持续20～30天，可有效降低线虫病的为害。处理后同样需要增施磷、钾肥和生物菌肥，以增加土壤有机活性。

图126 将未腐熟的农家肥、秸秆均匀撒施于土壤表面

图127 撒氰氨化钙（又称石灰氮）

图128 旋耕

图129 浇水

图130 覆盖地膜

药剂防治：定植前每亩沟施10%福气多颗粒剂1.5～2千克，施后覆土、洒水封闭盖膜1周后松土定植，或每亩沟施10%克线丹颗粒剂3～4千克，或每亩沟施3%米乐尔颗粒剂3千克，或5%好年冬颗粒剂2～4千克，施入根部，用药后浇水。

九、棚室茄子生理性病害与救治

◆ 沤根

【症状】 主要在苗期发生，成株期也有发生。发病时根部不长新根，根皮呈褐锈色，水渍状腐烂，地上部萎蔫易拔起，如图131。

图131 沤根秧苗

【主要原因】 棚室温度低、湿度大、光照不足，造成根压小，吸水力差。

【防治方法】 苗期棚温低时不要浇大水，选晴天上午浇水，保证浇后至少有两天晴天；加强炼苗，注意通风，只要气温适宜，连阴天也要放风，培育壮苗，促进根系生长；按时揭盖草苫，阴天也要及时揭盖，充分利用散射光。

◆ 畸形果

【症状】 果实缩小，僵硬，不发个，如图132。茄果个头正常但崩裂，露出茄籽，如图133。

图132 茄子僵硬石果

图133 畸形裂茄果

【主要原因】 开花前后遇低温、高温和连阴雪天，光照不足，造成花粉发育不良，影响授粉和受精。另外，花芽分化期温度过低，肥料过多，浇水过量，使生长点营养过多，花芽营养过剩，细胞分裂过于旺盛，会造成多心皮的畸形果，即双身茄。果实生长过程中，过于干旱而突然浇水，造成果皮生长速度不及果肉快而引起裂果。

【防治方法】 加强温度调控，在花芽分化期和花期保持25～30℃的适温，最高不能超过35℃；加强肥水管理，及时浇水施肥，但不要施肥过量，浇水过大。

◆ 寒害

【症状】 叶片大小正常但色深绿，叶缘微向外皱卷，叶缘稍有褪色，生长点呈簇状，如图134。叶片先从叶缘开始变成浅黄色，叶肉逐渐褪绿，如图135，呈黄化叶片。

图134 叶片外翻生长点簇状的受寒害茄株

图135 因寒冷造成的黄化茄子叶片

【发病原因】 棚室温度低，茄子对寒冷的耐受力是有限的。温度低于15 ℃时茄株停止生长，在遭遇寒冷，或长时间低温或霜冻时茄株本身会产生叶片外翻的典型症状。生存在寒冷的环境里叶肉细胞会因冷害结冰受冻死亡，突然遭受零下温度会迅速冻死。

【救治方法】

（1）选择耐寒、抗低温、耐弱光的优良品种。如安德烈、布利塔等品种。

（2）根据生育期确定低温保苗措施，避开寒冷天气移栽定植。

（3）苗期注意保温，可采取加盖草毡、棚中棚加膜等措施进行保温、抗寒。

（4）突遇霜寒，应采取临时加温措施，烧煤炉或铺施地热线、土炕等。

（5）定植后提倡全地膜覆盖，或多层保温覆盖，可有效地保温增温。降低棚室湿度，进行膜下渗浇，小水勤浇，切忌大水漫灌，有利于保温排湿。

（6）有条件的可安装滴灌设施，既可保温降湿还可有效降低发病率。做到合理均衡的施肥浇水，是无公害蔬菜生产的必然趋势。

（7）喷施抗寒剂。可选用3.4%碧护可湿性粉剂7 500倍液［1克药（1袋药）加15千克水（1喷雾器水）］，或1喷雾器水加红糖50克再加0.3%磷酸二氢钾喷施。

十、棚室茄子主要虫害与防治

◆ 白粉虱

【为害状】 成虫或若虫群集嫩叶背面刺吸汁液，使叶片褪绿变黄。由于汁液外溢又诱发叶面上的杂菌形成霉斑，如图136，严重时霉层覆盖整个叶面。

图136 因白粉虱刺吸汁液诱发霉污覆盖的叶面

【防治】 利用天敌生物防治：棚室栽培可以放养丽蚜小蜂防治白粉虱。

设置防虫网：为阻止白粉虱飞入，棚室可设置防虫网，如图137，夏季育苗的小拱棚可加盖防虫网。

图 137 设置防虫网的大棚

药剂防治：建议采用灌根施药法，用强内吸杀虫剂25%阿克泰水分散粒剂，在移栽前2～3天，以1 000～1 500倍的浓度(1桶水加8～10克药)对幼苗进行喷淋，如图138，使药液除叶片以外还要渗透到土壤中。平均每平方米苗床用药4克左右(即2克药对1桶水喷淋100棵幼苗)，农民自己的育苗秧畦可用喷雾器直接淋灌，如图139。持续有效期可达20～30天，有很好的防治粉虱类和蚜虫的效果。

图 138 淋灌苗床施药防治粉虱

图 139 秧畦喷淋灌药

喷雾施药：可选用25%阿克泰水分散粒剂2 000～5 000倍液喷施或淋灌15天1次，或25%阿克泰水分散粒剂加2.5%功夫水剂1 500倍液混用，或50%扑虱灵可湿性粉剂800～1 000倍液与70%天王星乳油4 000倍混用，或10%吡虫啉可湿性粉剂1 000倍，或1.8%虫螨克星乳油2 000倍液喷雾防治。

◆ 蚜虫

【为害状】 以成虫或若虫群聚在叶片背面（图 140 ）或生长点或花器上刺吸汁液为害茄子，如图 141。造成植株生长缓慢、矮小簇状。

图 140　蚜虫在茄子叶片背面聚集为害状

图 141　蚜虫在茄子花上聚集为害状

【防治】 清除棚室周围的杂草。经常查看作物上有无蚜虫，随有即防。可铺设银灰膜避蚜，如图 142。设置蓝板诱蓟马，黄板诱蚜，就地取简易板材用黄漆刷板后再涂上机油并吊至棚中，30～50 米^{2}挂一块诱蚜板，如图 143。

图 142　铺设银灰膜避蚜

图 143　架设黄板诱蚜

药剂防治：建议早期采用灌根施药法防治蚜虫为害（见本书第十一部分），可有效控制蚜虫数量和为害。后期可选用25%阿克泰水分散粒剂3 000～4 000倍液，或2.5%功夫水剂1 500倍液或1%印楝素水剂800倍液，或48%乐斯本乳油3 000倍液，或10%吡虫啉可湿性粉剂1 000倍液，喷施。

◆ 茶黄螨、红蜘蛛

【为害状】 红蜘蛛在茄子的生长点、幼嫩叶片上刺吸为害，使叶片呈失绿沙状，如图144。为害后期植株生长缓慢，茄果畸形。茶黄螨的成螨和幼螨群集茄子幼嫩部位刺吸为害，受害植株叶片变窄、皱缩或扭曲畸形，幼茎僵硬直立，重症植株常被误诊为病毒病，如图145。刺吸幼茄汁液会造成茄果生长畸形，果皮木栓化，如图146。

【防治】 茶黄螨生活周期较短，繁殖力强，应注意早期防治，可选用1.8%虫螨克星乳油2 000～3 000倍液，或20%达螨灵乳油1 500倍液，或70%天王星乳油3 000倍液，40%克螨特乳油2 000倍液，40%尼索朗乳油2 000倍液，喷施。

图144 红蜘蛛为害茄子叶片状

图 145　茶黄螨为害茄子植株症状

图 146　茶黄螨为害幼茄呈木栓化皮果

十一、不同栽培季节棚室茄子一生病虫害防治大处方

越冬周年一大茬茄子一生病害预防（防治）大处方（10~6月）

移栽棚室缓苗后开始（大约定植10～15 天后开始）

第一步：喷75%达科宁可湿性粉剂1次，每袋药（100克）对3桶水，10天1次（完成第一次喷药后隔10天再进行第二步操作，依此类推）。

第二步：喷25%阿米西达悬浮剂1次，每袋药（10毫升）对1桶水，15天1次。

第三步：喷68%金雷水分散粒剂1次，30克对1桶水，7天1次。

第四步：喷25%阿米西达悬浮剂1次，每袋药（10毫升）对1桶水，15～20天1次。

第五步：喷25%瑞凡悬浮剂1次，25毫升对1桶水10天1次，或68%金雷水分散粒剂1次，30克对1桶水7天1次。

第六步：喷2.5%适乐时悬浮剂每袋药（10毫升）对1桶水，或50%和瑞水分散粒剂每袋药（15克）对1桶水，10天1次（此时段应该进行蘸花，必须保证蘸花的同时加入防治灰霉病的药剂）。

第七步：喷50%和瑞水分散粒剂，每袋药（15克）对1桶水，12天1次（此时段应该进行蘸花，必须保证蘸花的同时加入防治灰霉病的药剂）。

第八步：喷25%阿米西达悬浮剂1次，每袋药（10毫升）对1桶水，20天1次。

第九步：喷10%世高水分散粒剂1次，每袋药（10克）对1桶水，7～10天1次。

第十步：喷25%爱苗乳油1次，每袋药（5毫升）对1桶水，25天1次

（此时段应该进行蘸花，应同时关注灰霉病的发生，保证蘸花时加入防治灰霉病药剂后还要随时掌握喷施用药防灰霉，控制住了，后面就不会烂茄）。

第十一步：喷75%达科宁可湿性粉剂1次，每袋药（100克）对3桶水，10天1次。

第十二步：喷25%阿米西达悬浮剂1次，每袋药（10克）对1桶水，15天1次。

第十三步：喷75%达科宁可湿性粉剂1次，每袋药（100克）对3桶水，10天1次（如接近收获后期可以放弃用药）。

此期共170天左右，注意在采取保花保果技术措施时及时加入防治灰霉病的药剂。

◆ 冬早春棚室茄子一生病害预防（防治）大处方（2月中旬至6月）

● 移栽田间缓苗后开始（大约定植10～15 天后开始）

第一步：喷75%达科宁可湿性粉剂1次，每袋药（100克）对3桶水，10天1次（完成第一次喷药后隔10天再进行第二步操作，依此类推）。

第二步：喷25%阿米西达悬浮剂1次，每袋药（10毫升）对1桶水，15天1次。

第三步：喷2.5%适乐时悬浮剂1次每袋药（10毫升）对1桶水，或50%和瑞水分散粒剂，每袋药（15克）对1桶水，10天1次（此时段应该进行蘸花保果，必须保证蘸花的同时加入防治灰霉病的药剂）。

第四步：喷25%阿米西达悬浮剂1次，每袋药（10毫升）对1桶水，15～20天1次。

第五步：喷25%瑞凡悬浮剂25毫升对1桶水，10天1次，或68%金雷水分散粒剂30克对1桶水，7天1次。

第六步：喷10%世高水分散粒剂1次，每袋（10克）对1桶水，7～10天1次。

第七步：喷25%阿米西达悬浮剂1次，每袋药（10毫升）对1桶水，15天1次。

第八步：喷75%达科宁可湿性粉剂，每袋药（100克）对3桶水，7～

10天1次直至收获。

此期共90天左右，注意在采取保花保果技术措施时及时加入防治灰霉病的药剂。

春季大棚茄子一生病害预防（防治）大处方（3月中旬至6月）

移栽田间缓苗后开始（大约定植10～15 天后开始）

第一步：喷75%达科宁可湿性粉剂1次，每袋药（100克）对3桶水，10天1次（完成第一次喷药后隔10天再进行第二步操作，依此类推）。

第二步：喷25%阿米西达悬浮剂1次，每袋药（10毫升）对1桶水，15天1次。

第三步：喷2.5%适乐时悬浮剂1次，每袋药（10毫升）对1桶水，10天1次(此时段应该进行蘸花保果,必须保证蘸花的同时加入防治灰霉病的药剂)。

第四步：喷25%阿米西达悬浮剂1次，每袋药（10毫升）对1桶水，15～20天1次。

第五步：喷25%瑞凡悬浮剂25毫升对1桶水，10天1次，或68%金雷水分散粒剂30克对1桶水，7天1次。

第六步：喷32.5%阿米妙收悬浮剂1 000倍液，7～10天1次（此时接近收获结束，共70天左右）。

秋季大棚茄子一生病害预防（防治）大处方（8月中旬至11 月中旬）

移栽田间缓苗后开始（大约定植10～15 天后开始）

第一步：喷75%达科宁可湿性粉剂1次，每袋药（100克）对3桶水，10天1次（完成第一次喷药后隔10天再进行第二步操作，依此类推）。

第二步：喷56%阿米多彩悬浮剂1次，每袋药（25毫升）对1桶水，10天1次，或10%世高水分散粒剂，每袋药（10克）对1桶水，7～10天1次。

第三步：喷25%阿米西达悬浮剂1次，每袋药（10毫升）对1桶水，15天1次。

第四步：喷25%瑞凡悬浮剂25毫升对1桶水，10天1次，或68%金雷水分散粒剂30克对1桶水，7天1次。

第五步：喷32.5%阿米妙收悬浮剂1000倍液，7～10天1次。

第六步：喷25%爱苗乳油1次，每袋药（5毫升）对1桶水，25天1次（此时接近收获结束，共75天左右，应该注意晚秋灰霉病的发生，假如要秋延迟栽培需要保证防病时加入预防灰霉病的药剂如和瑞等）。

◆ 防治茄子灰霉病蘸花配药处方

1.果霉宁2号3袋药对4 200毫升水加1袋2.5%适乐时悬浮剂（10毫升），春季升温时节可以考虑每袋药对1 500毫升水。

2.丰产剂2号每支对水1 500毫升，再加1袋2.5%适乐时悬浮剂（10毫升）后蘸花、喷花均可。

3.丰产剂2号每支对水1 500毫升，再加2克50%和瑞水分散粒剂后蘸花。

◆ 苗床营养土药剂处理配方

取没有种过蔬菜的大田土与腐熟的有机肥按6:4混均，并按1米^{3}的苗床土加入68%金雷水分散粒剂100克和2.5%适乐时悬浮剂100毫升拌土一起混匀过筛。用这样的土壤装营养钵或铺在育苗畦上。可以避免苗期立枯病、炭疽病和猝倒病的为害，先把种子播在含药的土壤中，再用68%金雷水分散粒剂200～400倍液喷洒苗床表面，有较好的预防苗期病害的作用。

◆ 种子包衣防病处方

用2.5%适乐时悬浮剂10毫升+3.5%金普隆乳化种衣剂2毫升，或用6.25%亮盾悬浮剂10毫升对水150～200毫升可包衣4千克种子，可有效防治苗期立枯病、炭疽病、猝倒病。或用50℃温水浸种20分钟后，再用500倍75%达科宁可湿性粉剂浸泡30分钟，播种。

懒汉灌根治虫法（蚜虫、白粉虱、蓟马）

在移栽前2～3天，用强内吸性杀虫剂25%阿克泰水分散粒剂1000倍液（1桶水加10～14克药）喷淋幼苗，使药液除叶片以外还要渗透到土壤中，平均每平方米苗床喷药液4千克左右，或4克药对1桶水喷淋100棵幼苗，持效期可达20～30天，有很好的防治蚜虫、白粉虱和预防媒介害虫传播病毒病的作用。

高温闷棚处理土壤步骤

（1）拉秧清棚（图66）；

（2）深埋或烧毁感病植株（图67）；

（3）撒施石灰和稻草或秸秆及活化剂，同时施入腐熟鸡粪、农家肥、磷酸二铵（图69）；

（4）深翻土壤（图70）；

（5）大水漫灌（图71）；

（6）铺上地膜和封闭大棚（图72）；

（7）持续高温闷棚20～30天，保持土壤温度在50℃以上，灭菌减害。注意可以放置土壤测温表（图73）观察土壤温度，揭开地膜晾晒后即可做垄定植。这个方法可有效杀死土壤中的病菌和虫卵。

生物氮反应堆操作步骤（棚室土壤消毒）

（1）清棚前浇一遍水、拔秧；

（2）将未完全腐熟的农家肥或农作物碎秸秆均匀地撒在土壤表面；

（3）将60～80千克／亩的氰氨化钙均匀撒施在土壤表层；

（4）旋耕土壤深10厘米使其混合均匀；

（5）再浇一次水；

（6）覆盖地膜；

（7）高温闷棚7～15天后揭去地膜，放风7～10天后可做垄定植。处理后的土壤栽培前注意增施磷、钾肥和生物菌肥。

十二、茄子病虫害周年防治历

月份	易发病虫害	防治措施	栽培方式	防治用药
1	土传病害猝倒病、立枯病、菌核病	土壤消毒	早春育苗	50千克苗床土加20克68%金雷水分散粒剂和10毫升2.5%适乐时悬浮剂拌土过筛混均可装营养钵，或铺育苗畦上
	细菌性叶斑病	喷施	越冬栽培	77%可杀得可湿性粉剂600倍液、25%细菌灵片剂400倍液、47%加瑞农可湿性粉剂、50%冠菌清可湿性粉剂500倍液
	冻害	保暖、除湿	越冬栽培、育苗	磷酸二氢钾＋红糖喷施抗寒、68%金雷水分散粒剂600倍液淋灌、68.75%易保600倍液喷施、25%阿米西达悬浮剂1 500倍液、3.4%碧护可湿性粉剂7 500倍液
2	灰霉病	蘸花用药、喷施	越冬栽培	2~3千克蘸花液+10毫升2.5%适乐时悬浮剂混均蘸花50%利霉康可湿性粉剂800倍液、40%和瑞水分散粒剂1 200倍液、40%施佳乐悬浮剂1 200倍液、50%农利灵干悬浮剂600倍液、50%扑海因可湿性粉剂600倍液
	猝倒病、茎基腐病	苗盘浸盘，土壤表层药剂处理，药剂淋灌	早春育苗	68%金雷水分散粒剂600倍液浸盘或淋灌，72%克抗灵可湿性粉剂800倍液、69%安克可湿性粉剂600倍液

（续）

月份	易发病虫害	防治措施	栽培方式	防治用药
		降湿，苗期预防为主	早春栽培	25%阿米西达悬浮剂1 500倍液、68%金雷水分散粒剂600倍液、64%杀毒矾可湿性粉剂500倍液、70%品润干悬浮剂600倍液、75%达科宁可湿性粉剂600倍液、80%大生可湿性粉剂500倍液
	细菌性叶斑病			77%可杀得可湿性粉剂600倍液、25%细菌灵片剂400倍液、47%加瑞农可湿性粉剂500倍液
	冷害、寒害	降湿	保护地棚室	3.4%碧护可湿性粉剂7 500倍液、糖+磷酸二氢钾
3	蚜虫、白粉虱	灌根，喷雾，清除杂草，加防虫网	越冬栽培 春季栽培	25%阿克泰水分散粒剂2 000～4 000倍液、10%吡虫啉可湿性粉剂1 000倍液、2.5%功夫水剂1 000倍液淋湿秧苗或喷雾
	猝倒病、绵疫病	早期预防，整体方案，喷施用药		25%阿米西达悬浮剂1 500倍液、68%金雷水分散粒剂600倍液、69%安克可湿性粉剂600倍液、64%杀毒矾可湿性粉剂500倍液、70%品润干悬浮剂600倍液、75%达科宁可湿性粉剂600倍液
	灰霉病	蘸花用药 喷施		50%利霉康可湿性粉剂600倍液、40%施佳乐悬浮剂1 200倍液、40%和瑞水分散粒剂1 200倍液、50%农利灵干悬浮剂600倍液、2.5%适乐时悬浮剂1 500倍液

（续）

月份	易发病虫害	防治措施	栽培方式	防治用药
	褐纹病、褐斑病、菌核病			25%阿米西达悬浮剂1 500倍液、10%世高水分散粒剂1 000倍液、70%品润干悬浮剂600倍液、75%达科宁可湿性粉剂600倍液、80%大生可湿性粉剂500倍液、50%利霉康可湿性粉剂600倍液、40%和瑞水分散粒剂1 200倍液、45%特克多悬浮剂1 000倍液、50%农利灵干悬浮剂600倍液
4	绵疫病	喷施 喷淋	春季栽培 越冬栽培 冷拱棚栽培	25%阿米西达悬浮剂1 500倍液、68%金雷水分散粒剂600倍液、25%瑞凡悬浮剂1 000倍液、70%品润干悬浮剂600倍液、75%达科宁可湿性粉剂600倍液、80%大生可湿性粉剂500倍液、72%克抗灵可湿性粉剂800倍液、70%霜疫清可湿性粉剂600倍液等
	白粉病		春季栽培 大拱棚栽培	25%阿米西达悬浮剂1 500倍液、70%百德富可湿性粉剂800倍液、10%世高水分散粒剂1 000倍液、50%利霉康可湿性粉剂600倍液
	蚜虫、白粉虱			25%阿克泰水分散粒剂2 000～3000倍液、10%吡虫啉可湿性粉剂1 000倍液
5	褐纹病 褐斑病	喷施	春季栽培	25%阿米西达悬浮剂1 500倍液、10%世高水分散粒剂1 000倍液、75%达科宁可湿性粉剂600倍液、80%大生可湿性粉剂600倍液

（续）

月份	易发病虫害	防治措施	栽培方式	防治用药
			大拱棚栽培	10%世高水分散粒剂800倍液、80%大生可湿性粉剂500倍液
	细菌性角斑	菜田随水用药		27.12%铜高尚悬浮剂600倍液、25%细菌灵片剂400倍液、77%可杀得可湿性粉剂500倍液、每667米^2 2～3千克硫酸铜、50%冠菌清可湿性粉剂500倍液
	黄萎病	灌根		10亿活孢子/克 枯草芽孢杆菌可湿性粉剂500倍液、70%甲基托布津可湿性粉剂600倍液、2.5%适乐时悬浮剂1 500倍液
6	绵疫病、早疫病、褐斑病	喷施	春季栽培	25%阿米西达悬浮剂1 500倍液、68%金雷水分散粒剂600倍液、72%克抗灵可湿性粉剂600倍液
			大拱棚栽培	10%世高水分散粒剂1 000倍液、75%达科宁可湿性粉剂600倍液、70%品润干悬浮剂600倍液
			露地栽培	2%加收米水剂500倍液、10%世高水分散粒剂800倍液
	细菌性叶斑病、青枯病	菜田随水用药、喷施	春季栽培 大拱棚栽培 露地栽培	77%可杀得可湿性粉剂500倍液、47%加瑞农可湿性粉剂500倍液、每667米^2 2～3千克硫酸铜、2%加收米水剂500倍液
	蚜虫 茶黄螨	喷施、吊黄板诱杀		25%阿克泰水分散粒剂3 000倍液、1.8%阿维菌素乳油2 000倍液、10%吡虫啉可湿性粉剂1 000倍液
	热害	遮阴		加遮阳网
7	褐纹病 褐斑病	喷施	大棚栽培	10%世高水分散粒剂800倍液、2%加收米水剂500倍液、70%品润干悬浮剂600倍液

（续）

月份	易发病虫害	防治措施	栽培方式	防治用药
			露地栽培	50%利霉康可湿性粉剂600倍液、多霉清600倍液、福星4000倍液
	茎基腐病	淋灌、浸盘	秋季育苗	68%金雷水分散粒剂600倍液
8	茎基腐病	淋灌、喷施	秋季栽培	68%金雷水分散粒剂600倍液、72%克抗灵可湿性粉剂800倍液、69%安克可湿性粉剂600倍液
	细菌性叶斑病	喷施	秋季栽培	细菌灵400倍液、加收米500倍液、77%可杀得600倍液、47%加瑞农可湿性粉剂500倍液、27.12%铜高尚悬浮剂500倍液
	绵疫病			25%阿米西达悬浮剂1 500倍液、68%金雷水分散粒剂600倍液、72.2%普力克800倍液、72%克抗灵可湿性粉剂600倍液、25%瑞凡悬浮剂800倍液
	叶斑病			75%达科宁可湿性粉剂600倍液、80%大生可湿性粉剂500倍液、10%世高水分散粒剂800倍液、70%品润干悬浮剂600倍液
	蚜虫 茶黄螨 蓟马	喷施	秋季栽培	25%阿克泰水分散粒剂3 000倍液、1.8%阿维菌素乳油2 000倍液 10%吡虫啉可湿性粉剂1 000倍液、2.5%功夫水剂1 000倍液
9	绵疫病	喷施	秋季栽培	25%阿米西达悬浮剂1 500倍液、68%金雷水分散粒剂600倍液、72%克抗灵可湿性粉剂600倍液、69%安克可湿性粉剂600倍液、72%霜疫清可湿性粉剂700倍液、25%瑞凡悬浮剂1000倍液

（续）

月份	易发病虫害	防治措施	栽培方式	防治用药
	褐纹病			10%世高水分散粒剂800倍液、2%加收米水剂500倍液、70%品润干悬浮剂600倍液
				75%达科宁可湿性粉剂600倍液、80%大生可湿性粉剂500倍液、10%世高水分散粒剂1000倍液
	蚜虫、白粉虱、蓟马、红蜘蛛	吊黄板诱杀		25%阿克泰水分散粒剂2000～3000倍液、10%吡虫啉可湿性粉剂1000倍液、40%螨死净乳油1200倍液、5%尼索朗乳油1500倍液
10	白粉病	喷施	秋季栽培	10%世高水分散粒剂800倍液、2%加收米水剂500倍液、70%品润干悬浮剂600倍液
	绵疫病	喷施	秋延后大棚	25%阿米西达悬浮剂1500倍液、68%金雷水分散粒剂600倍液、72%克抗灵可湿性粉剂600倍液、69%安克可湿性粉剂600倍液、72%霜疫清可湿性粉剂700倍液
	白粉虱、茶黄螨	喷施、吊黄板诱杀	秋延后大棚	1.8%阿维菌素乳油2000倍液
11	茎基腐病	淋失	越冬移栽	72%克抗灵可湿性粉剂600倍液、69%安克可湿性粉剂600倍液、68%金雷水分散粒剂600倍液
	白粉病	喷施	越冬栽培	25%阿米西达悬浮剂1500倍液、10%世高水分散粒剂1200倍液、75%达科宁可湿性粉剂600倍液、80%大生可湿性粉剂500倍液、80%山德生可湿性粉剂500倍液

（续）

月份	易发病虫害	防治措施	栽培方式	防治用药
	细菌性角斑病	喷施	越冬栽培	47%加瑞农可湿性粉剂400倍液、77%可杀得可湿性粉剂500倍液、27.12%铜高尚悬浮剂500倍液
	斑点病			75%达科宁可湿性粉剂600倍液、80%大生可湿性粉剂500倍液、70%品润干悬浮剂600倍液
12	灰霉病	喷施	越冬栽培	40%施佳乐悬浮剂1 200倍液、40%和瑞水分散粒剂1 200倍液、50%速克灵可湿性粉剂800倍液、50%扑海因可湿性粉剂600倍液、2.5%适乐时悬浮剂1 500倍液
	细菌性角斑病	晴天整枝，土壤加施硫酸铜	越冬栽培	77%可杀得可湿性粉剂600倍液、47%加瑞农可湿性粉剂500倍液、27.12%铜高尚悬浮剂500倍液
	寒害、灰霉	保温驱湿、喷药	越冬栽培	3.4%碧护可湿性粉剂7 500倍液、25%阿米西达悬浮剂1 500倍液、50%农利灵干悬浮剂600倍液、2.5%适乐时悬浮剂1 500倍液、50%速克灵可湿性粉剂800倍液、40%和瑞水分散粒剂1 200倍液

十三、农药商品名与通用名对照表

作用类型	商品名称	通用名称	剂　型	含量（%）	生产厂家
杀菌剂	金雷	精甲霜灵·锰锌	水分散粒剂	68	先正达公司
杀菌剂	世高	苯醚甲环唑	水分散粒剂	10	先正达公司
杀菌剂	适乐时	咯菌腈	悬浮剂	2.5	先正达公司
杀菌剂	百菌清	百菌清	可湿性粉剂	75	云南化工厂等
杀菌剂	达科宁	百菌清	可湿性粉剂	75	先正达公司
杀菌剂	福尔马林	甲醛	晶体	40	上海试剂厂
杀菌剂	硫酸铜	硫酸铜	晶体		国产和进口
杀菌剂	多菌灵	多菌灵	可湿性粉剂	50	江苏新沂
杀菌剂	甲基托布津	甲基硫菌灵	可湿性粉剂	70	日本曹达 江苏新沂等
生长调节剂	碧护	赤吲乙芸	可湿性粉剂	3.4	德国马克普兰
杀菌剂	金普隆	精甲霜灵	拌种剂	35	先正达公司
杀菌剂	克抗灵	霜脲·锰锌	可湿性粉剂	72	河北科绿丰
杀菌剂	霜疫清	霜脲·锰锌	可湿性粉剂	72	保定化工八厂
杀菌剂	杀毒矾	噁霜·锰锌	可湿性粉剂	64	先正达公司
杀菌剂	安克	烯酰吗啉·锰锌	可湿性粉剂	50	巴斯夫公司
杀菌剂	普力克	霜霉威	水剂	72.2	拜耳公司
杀菌剂	阿米西达	嘧菌酯	悬浮剂	25	先正达公司
杀菌剂	瑞凡	双炔酰菌胺	悬浮剂	25	先正达公司
杀菌剂	银法利	氟吡菌胺+霜霉威	悬浮剂	62.5	德国拜耳公司
杀菌剂	大生	代森锰锌	可湿性粉剂	80	陶氏公司
杀菌剂	阿米多彩	嘧菌酯+百菌清	悬浮剂	56	先正达公司
杀菌剂	农利灵	农利灵	干悬浮剂	50	巴斯夫公司
杀菌剂	多霉清	乙霉威+多菌灵	可湿性粉剂	50	保定化工八厂
杀菌剂	利霉康	乙霉威+多菌灵	可湿性粉剂	50	河北科绿丰

（续）

作用类型	商品名称	通用名称	剂　型	含量（%）	生产厂家
杀菌剂	和瑞	嘧菌环胺	水分散粒剂	50	先正达公司
杀菌剂	加收米	kasugamycin	水剂	2	日本北兴
杀菌剂	阿米妙收	苯醚甲环唑＋嘧菌酯	悬浮剂	32.5	先正达公司
杀菌剂	加瑞农	氧氯化铜＋春雷霉素	可湿性粉剂	47	新加坡利农公司
杀菌剂	铜高尚	氧氯化铜	悬浮剂	27.12	日本
杀菌剂	细菌灵	链霉素 · 琥珀铜	片剂	25	齐齐哈尔四友
杀菌剂	链霉素	农用硫酸链霉素	可湿性粉剂	1 000 万单位	河北科诺
杀菌剂	萎菌净	枯草芽孢杆菌	可湿性粉剂	10 亿活孢子 / 克	河北科绿丰
杀菌剂	恶霉灵	敌克松＋多菌灵	可湿性粉剂	98	山东企业
生长调节剂	赤霉素	九二O	晶体	75	上海十八厂
杀菌剂	爱苗	噁醚唑	乳油	25	先正达公司
杀菌剂	万霉灵	乙霉威＋甲基硫菌灵	可湿性粉剂	50	江苏新沂
杀菌剂	扑海因	异菌脲	可湿性粉剂	50	拜耳公司
杀菌剂	易保	famoxadone/代森锰锌	可湿性粉剂	68.75	杜邦公司
杀菌剂	可杀得	氢氧化铜	可湿性粉剂	77	美国固信
杀菌剂	凯润	吡唑嘧菌酯	乳油	25	巴斯夫公司
杀菌剂	施佳乐	嘧霉胺	悬浮剂	40	拜耳公司
杀菌剂	品润	代森锌	干悬浮剂	70	巴斯夫公司
杀菌剂	特克多	噻菌灵	悬浮剂	50	先正达公司
杀菌剂	福气多	噻唑磷	颗粒剂	10	日本石原
杀菌剂	速克灵	腐霉利	可湿性粉剂	50	日本住友
杀虫剂	阿克泰	噻虫嗪	水分散粒剂	25	先正达公司
杀虫剂	美除	虱螨脲	乳油	5	先正达公司
杀虫剂	天王星	联苯菊酯	乳油	70	富美食公司
杀虫剂	虫螨克星	阿维菌素	乳油	1.8	威远生化
杀虫剂	印楝素	印楝素	水剂	1.0	陕西西农
杀虫剂	乐斯本	毒死蜱	乳油	48	陶氏公司
杀虫剂	功夫	三氟氯氰菊酯	水剂	2.5	先正达公司
杀线虫剂	灭线磷	灭线磷	颗粒剂	20	国内企业

图书在版编目（CIP）数据

图说棚室茄子栽培与病虫害防治／孙茜，潘秀清主编．北京：中国农业出版社，2009.5

（无公害蔬菜栽培实战丛书）

ISBN 978-7-109-13856-8

Ⅰ.图…　Ⅱ.①孙…　②潘…　Ⅲ.①茄子－温室栽培－图解②茄子－病虫害防治方法－图解　Ⅳ.S626.5-64 S436.411-64

中国版本图书馆 CIP 数据核字（2009）第 071288 号

中国农业出版社出版
（北京市朝阳区农展馆北路 2 号）
（邮政编码 100125）
责任编辑　张洪光

中国农业出版社印刷厂印刷　　新华书店北京发行所发行
2009 年 6 月第 1 版　　2013 年 1 月北京第 2 次印刷

开本：880mm × 1230mm 1/32　　印张：3
字数:85 千字　　印数:8 001 ~ 11 000 册
定价：15.00 元